A WORLD IN A CUP OF COFFEE

一杯一世界

世界著名咖啡店之旅

【格鲁】安娜·萨尔黛兹 著

倪 羽 译著

江苏凤凰科学技术出版社

·南京·

图书在版编目（CIP）数据

　　一杯一世界：世界著名咖啡店之旅 /（格鲁）安娜
·萨尔黛兹著；倪羽译著. -- 南京：江苏凤凰科学技
术出版社，2021.1
　　ISBN 978-7-5713-0949-7

　　Ⅰ.①一… Ⅱ.①安… ②倪… Ⅲ.①咖啡—文化
Ⅳ.① TS971.23

　　中国版本图书馆 CIP 数据核字 (2020) 第 018533 号 533 号

一杯一世界
世界著名咖啡店之旅

著　　　者　【格鲁】安娜·萨尔黛兹
译　　　著　倪　羽
责任编辑　祝　萍
助理编辑　洪　勇
责任校对　杜秋宁
责任监制　方　晨

出版发行　江苏凤凰科学技术出版社
出版社地址　南京市湖南路 1 号 A 楼，邮编：210009
出版社网址　http://www.pspress.cn
印　　　刷　佛山市华禹彩印有限公司

开　　　本　718 mm × 1000 mm　1/16
印　　　张　11.5
字　　　数　120 000
版　　　次　2021 年 1 月第 1 版
印　　　次　2021 年 1 月第 1 次印刷

标 准 书 号　ISBN 978-7-5713-0949-7
定　　　价　68.00 元

图书如有印装质量问题，可随时向我社出版科调换。

目　录

▶ **171** _____ 电影世界里的咖啡馆

咖啡简史

A brief history of coffee

虽然全世界每年消耗的咖啡豆达 1 000 万吨，但人们对咖啡的起源并没有一个确定的说法。人们通常认为，埃塞俄比亚的阿拉比卡是咖啡树中最早被人类培植的。这种说法可以追溯至两个传说。

　　第一个传说是这样的：年轻的布诺是一个心地善良的奥罗莫人。有一天，他与一头水牛相遇，并死于它的角下，路过的好心人将他就地埋葬。布诺遇难的地方离家很远，他的族人在他去世后一年才终于找到了他的坟墓。

　　在找到他的坟墓的同时，奥罗莫人还在他的墓旁发现了一株他们从未见过的植物。在奥罗莫人眼中，在神灵为布诺的早逝而流下的眼泪的灌溉下，贫瘠的土地上才会长出这种全新的植物。他们认定了这种植物是布诺的血肉和神的眼泪化成的，并将其命名为"布那（Bunna）"。

　　奥罗莫人将咖啡豆、谷物和动物脂肪放在一起研磨，制成球状干粮，便

《享用咖啡》，法国学派画家，无名氏，18世纪上半叶

于携带，可在旅途中食用。这种食物通过苏丹的奴隶们从埃塞俄比亚的卡法（Kaffa）传到阿拉伯。

第二种传说更广为人知。大约在850年，在卡法住着一个名叫卡尔迪（Kaldi）的牧羊人。有一天，卡尔迪发现他的山羊在吃了灌木中的一种红色的果子后格外活跃。于是他也试着吃了一些，也变得异常兴奋。

他把这些果子拿到附近的修道院给修道士看。修道士们一开始认为这种果子是"恶魔之果"，并且将其扔到了熊熊燃烧的壁炉里。然而在几秒后，满屋子里却弥漫着一种浓浓的香气。于是修道士们改变了对这种果子的看法。他们把果子从火堆中取出，将其放在一个装着热水的水杯里。当晚，修道士们尝了一口杯中的水，发现只要喝这种饮品，每天在晚读的时候能不打瞌睡。

在接下来的500年里，咖啡并没有传出

埃塞俄比亚。直到1454年，也门的酋长杰马拉丁·阿布·穆罕默德·本赛（Gemaleddin Abou Muhammad Bensaid）来到埃塞俄比亚的阿比西尼亚（Abyssinia），在了解了咖啡这种新的饮料及其药用价值后，将其带回也门。咖啡随后在也门流行起来。

到了15世纪末，咖啡终于到达了沙特阿拉伯的麦加，这里的人们喝咖啡是为了能在晚上的宗教活动中保持清醒。16世纪初，住在开罗的苦修僧们也开始使用咖啡作为提神的饮料。在那里，他们将咖啡装在一个大碗里，僧人们轮流共用一个小杯来舀取碗中的咖啡。这样，喝咖啡的过程变成了宗教仪式的一部分。16世纪，也门、沙特阿拉伯和埃及的人们渐渐开始在宗教场景以外饮用咖啡。

1517年，土耳其塞利姆一世（Selim I）征服了埃及，奥斯曼帝国开始统治这个热爱咖啡的国家，咖啡也传入了君士坦丁堡（现

在的伊斯坦布尔）。在苏莱曼一世（Suleiman the Magnificent）的统治下，咖啡在奥斯曼帝国的宫廷变得流行起来。宫廷里甚至还设了一个名为"首席咖啡官"的职位。该职位的就职要求除了要有冲煮上好咖啡的技能，还要求有保守人们在喝咖啡时所吐露秘密的定力。到了1554年，君士坦丁堡的人们就已经熟悉咖啡馆的概念。越来越多的咖啡馆出现在街头，咖啡也越来越受老百姓欢迎。在土耳其语里，早餐是"kahvalti"，其字面的意思就是"喝咖啡前"。

威尼斯的商人在1615年将咖啡从中东带进了欧洲。一开始，威尼斯商人只是在意大利销售咖啡，然而很快咖啡就传遍了整个欧洲，继而传至美洲。其中以咖啡传入维也纳的故事最为惊心动魄。

1683年，维也纳第二次受到土耳其人的围攻。土耳其人将维也纳封锁了整整2个月，这最终导致了历史上著名的"维也纳之役"。后来维也纳虽然得到了来自波兰军队的解围，然而波兰的军队却苦于无法与维也纳城里的军队互传信息。这时波兰军队里一名精通土耳其语的战士库克兹奇（Kulczychi）奉命潜伏在土耳其的军队里为波兰军队通风报信。

维也纳之役最终于1683年9月12日凌晨打响，不到日落时分，维也纳就取得了胜利。土耳其侵略者迅速逃离，并将他们随身携带的帐篷、骆驼、粮食以及数袋未经烘烤的咖啡豆都弃之不顾。捡获这些咖啡豆的库克兹奇知道这些"不起眼的小豆子"的用处，由此将这些用咖啡豆所制成的饮料带进了维也纳。

　　在咖啡被传播到世界各地的同时，咖啡树的种植方法同样也在世界各地流传。咖啡豆的种植起源于埃塞俄比亚，随后传播至也门。在埃塞俄比亚以及也门之后，首先种植咖啡树的地方是印尼。荷兰商人将几株珍贵的咖啡树运回了阿姆斯特丹。这几株咖啡树被种植在阿姆斯特丹的植物馆里。然而荷兰寒冷的天气并不适宜大规模地种植咖啡树，于是荷兰的商人便将咖啡树种植到当时的殖民地——印尼的土地上。1696 年，第一批阿拉比卡咖啡的种子被运送至今日的雅加达地区，但由于洪水暴发，这批作物并没有存活下来。3 年后，荷兰人在印尼再次撒下咖啡的种子。这一次，咖啡作物终于在印尼生根发芽，开枝散叶。10 年后，印尼出产的咖啡被运往欧洲，从此咖啡成了印尼重要的出口收入来源。时至今日，印尼仍然是世界上第四大咖啡生产地。

　　后来荷兰将咖啡的种子作为礼物赠送给了其他欧洲国家。和荷兰一样，这些欧洲帝国都选择在自己的热带殖民地种植咖啡。法国选择位于加勒比海的马丁尼克，而葡萄牙则将咖啡的种子运往了巴西。从 1840 年开始，巴西便成为了世界上最大的咖啡生产国。

INTÉRIEUR D'UN CAFÉ PUBLIC,
Sur la Place de Top-hané.

威尼斯，意大利

VENICE, ITALY

　　1615 年，威尼斯人彼特罗·德拉·维利（Pietro della Valle）在由伊斯坦布尔寄往家乡的信中描述了咖啡这种妙不可言的饮料。就在这一年，威尼斯商人将咖啡作为商品带入了欧洲。然而，在一个世纪之后的 1720 年，威尼斯人才有了自己的咖啡馆。

　　威尼斯人，或者说意大利人对咖啡和咖啡馆的态度与其他欧洲国家有所不同。他们不会在咖啡馆里坐着，闲看纷纭的世间；他们也不把咖啡馆当成与好友聚会和讨论哲学问题的地方。对他们来说，咖啡馆就是享受咖啡，然后上路的地方。

　　喝咖啡的时间在意大利被称为"Una Pausa"，意为"一个小停顿"。在意大利，你经常可以看见意大利人站在咖啡馆里喝咖啡。这并不是因为店里没有位子了，而是他们把喝咖啡当成是日常忙碌生活里的一个小停顿，就仿佛是一个句子里的那个逗号，短暂的停歇过后，那个没完成的句子将被续写。而且在咖啡馆里站着喝咖啡的价格比坐下来喝咖啡的价格要便宜得多。

《圣马可广场》
卡纳列托（Canaletto）

　　意大利人喝咖啡还有一个习惯，他们仅在早上喝加牛奶的咖啡，因此我们熟悉的拿铁、卡布奇诺等这些咖啡对意大利人来说只能在早上被当成早餐的一部分来饮用。意大利人相信，如果在餐后马上饮用牛奶，将导致消化不良。这是否科学不得而知，然而到了意大利，你会发现，没有本地人会在上午 11点过后喝卡布奇诺的。

弗洛里安咖啡馆

VENICE, ITALY

馆主推荐

弗洛里安招牌咖啡配黑巧克力蛋糕
Caffè Espresso miscela Florian with Tortino al cioccolato fondente

Caffè Florian
Piazza San Marco 57
30124 Venezia
ITALIA

https://www.caffeflorian.com/en/

1720 年 12 月 29 日，威尼斯人弗洛里安诺·弗兰西斯科尼（Floriano Francesconi）成立了名为"胜利威尼斯"（Alla Venezia Trionfante）的咖啡馆。几个月之后，在顾客们的提议下，他将咖啡馆的名字改为弗洛里安咖啡馆，并且营业至今。它和巴黎的普罗高普咖啡馆都是世界上最古老的、营业至今的咖啡馆之一。如今，弗洛里安咖啡馆已经成为威尼斯的著名地标。

　　弗洛里安咖啡馆一开始仅有两间厅房。但随着咖啡馆经历 2 个多世纪的变化发展，现在的弗洛里安咖啡馆已经拥有多个相互交织衬托、装潢别致、各具特色的厅房和门廊。

　　"四季之厅"（The Sala delle Stagiono），顾名思义代表了 4 个季节。墙上有 4 个少女的画像：其中拿着花束的少女代表春天，拿着金黄玉米的少女代表夏天，拿着成熟葡萄的少女代表秋天，而转身离去的那位少女则代表冬天。

　　与之形成强烈对比的是"卓越男性之厅"（Sala deli Uomini Illustri）。厅里的墙上除了大面的镜子和装饰用的镶板之外，还挂着 10 幅男性的画像。这 10 位男性都是政治界、哲学界和艺术界的重要人物，并且在威尼斯的发展史上具有重要的地位。这个厅房色调偏暗，给人以庄严之感。

《威尼斯咖啡馆里的蒙面人》
彼特罗·龙基（Pietro Longhi）

在"中国厅"（Sala Cinese）和"东方厅"（Sala Orientale），你则可以看到红色的丝绒沙发，墙上装饰有东方人的画像以及金光闪闪的金叶。这些奢华、奇异的装饰都诠释着威尼斯人对东方文化的理解，营造出了一种异国情调。

最后一个厅被人们普遍认为是咖啡馆里最重要的厅室，它就是"聚叟厅"（Senate Room），就是这个厅把弗洛里安咖啡馆与现代艺术紧密地联系起来。弗洛里安咖啡馆一直是艺术家们的聚集之处。1893 年，本身就是诗人和剧作家的威尼斯市长里卡尔多·塞尔瓦蒂科（Riccardo Selvatico）以及一群艺术界的名流在弗洛里安咖啡馆的"聚叟厅"里决定举办一次现代艺术展览，以庆祝当时的国王安伯托一世和他妻子的银婚周年纪念，这就是我们熟悉的"威尼斯双年展"（La-Biennale di Venezia）。这个如今每次吸引超过 50 万人次观展的全球文化界盛事就起源于弗洛里安咖啡馆。

除了现代艺术，弗洛里安咖啡馆对威尼斯的音乐也起到了锦上添花的作用。从 19 世纪初起，咖啡馆开始成为交响乐演奏的场所，弗洛里安咖啡馆也因此被称为"歌唱的咖啡馆"（café-chantant）。这个传统一直保留至今。

　　在信息交流不发达的时代，人们在离开威尼斯的时候会把自己的联系方式留在弗洛里安咖啡馆，方便别人联系自己。如果你刚刚到达威尼斯，弗洛里安咖啡馆显然就是你该去的地方。在那里，你可以得到你需要的各种信息，它就像一个计算机时代之前的搜索引擎。这也是弗洛里安咖啡馆在威尼斯深入人心的体现。

　　弗洛里安咖啡馆如今在佛罗伦萨和罗马都有分店，为各地的顾客带来独特的威尼斯风情。

中国厅的壁画

拉文纳咖啡馆

GRAN CAFÈ LAVENA

馆主推荐

匈牙利女王咖啡配任何一种新鲜出炉的糕点
Caffè Regina d'Ungheria and whichever
freshly-made pastry

Caffè Lavena
Piazza San Marco 133-134
30124 Venezia
ITALIA

https://www.lavena.it/en/

在弗洛里安咖啡馆开张 30 年后，威尼斯的另外一处出现了"匈牙利女王咖啡馆"（Café Regina d'Ungheria），几经易主后，它在 1860 年被重新命名为"拉文纳咖啡馆"。

除了"匈牙利女王"和"拉文纳"，这家咖啡馆还被称为"戴皇冠的熊咖啡馆"（Orso Coronato），因为它的招牌上有一只戴着皇冠的熊；"外国人咖啡馆"（Caffè dei Foresti），因为光顾它的顾客很多是外国人；"音乐家咖啡馆"（Caffè dei Musicisti），因为它与许多著名的音乐家有着密切的联系。

当卡罗·拉文纳（Carlo Lavena）在 1860 年成为这家咖啡馆主人的时候，他其实仅仅将其当成他的甜品店的分店。他出于制作糕点的热情而到处游历，学习和收集糕点的制作方法，并为威尼斯人带来了前所未有的、种类繁多的甜点。他同时也向欧洲各地出口糕点，这不仅让他的糕点生意越来越兴隆，也让他的咖啡馆在国外名声大振，成了到访威尼斯的旅客必去的地方。

《瓦格纳夫妇和他们的朋友李斯特》，1881 年的油画

　　那些远道而来的顾客不仅给咖啡馆本身带来了影响，他们也成为了威尼斯的一道独特的风景线。由大大小小的运河交织而成的威尼斯常常让游客摸不着头脑，他们只能依靠划贡多拉的船夫、夜行举灯人等为他们提供交通工具和便利的当地人带路。也许他们就是历史上最早的导游。由于拉文纳咖啡馆里经常坐满了外国游客，这些当地人便在咖啡馆门外守候，特别是在夜晚的时候，为他们打灯，穿行在威尼斯那蜿蜒崎岖的小巷中，将他们送回住宿的地方。

　　音乐是拉文纳咖啡馆的历史里重要的组成部分。许多音乐史上的重量级人物都曾光顾过拉文纳咖啡馆，其中最著名的要数德国作曲家瓦格纳。从 1879 年到 1883 年，瓦格纳基本上每天都到拉文纳咖啡馆"打卡"。他每天都会坐在楼上安静的厅房里，点一杯茶和一份糕点，或者一杯白兰地，放飞自己的作曲灵感。据说他就是在拉文纳咖啡馆的咖啡桌上完成了他的最后一部歌剧《帕西法尔》（Parsifal）的创作。他的妻子科斯莫的日记里就是这样记载的：

"每天，在船夫路易吉的陪伴下，瓦格纳来到圣马可广场的时候都会在咖啡馆停下来和他相交甚好的店主拉文纳侃大山……"

瓦格纳的丈人，匈牙利作曲家和钢琴演奏家李斯特也经常是拉文纳咖啡馆的座上客。他们一家和欧洲其他重要的作曲家、指挥家和歌唱家都经常在那里相聚一堂，相互交流音乐的想法，互相激发灵感。因此，拉文纳咖啡馆才有了"音乐家咖啡馆"的美誉。

如果你今天到访拉文纳咖啡馆，就会发现，你眼前的咖啡馆和瓦格纳经常光顾的拉文纳咖啡馆基本保持了一致，这归功于拉文纳对历史建筑以及家具的保护和维护。绿色的大理石桌子配上丝绒的凳子，著名的威尼斯玻璃匠人制作的水晶灯和18世纪的镜子都让你在走进咖啡馆的那一瞬间，便仿佛置身于18世纪的威尼斯；恍惚中，似乎瓦格纳就从你身边擦肩而过。

库德里咖啡馆
GRAN CAFFÈ QUADRI

馆主推荐

意式特浓咖啡配橄榄油布里欧修面包
Un caffè (espresso) with an olive oil brioche

Gran Caffè Quadri
Piazza San Marco 121
30124 Venezia
ITALIA

https://www.alajmo.it/en/se

　　18 世纪时，威尼斯不太平的局势并没有影响威尼斯人对咖啡的热情。1775 年，威尼斯大大小小的咖啡馆就有 200 家，其中有 30 家集中在圣马可广场。就在这一年，一对来自希腊科夫岛的夫妇乔吉奥（Giorgio）和娜西娜·库德里（Naxina Quadri）来到了威尼斯，并决定在这一欣欣向荣的咖啡馆市场里"分一杯羹"。与其他咖啡馆不同的是，老板娘娜西娜决定在他们的店里不卖普通的咖啡，而是卖被称为"热黑水"（hot black water）的土耳其咖啡。而这家位于圣马可的咖啡馆的名字就叫"库德里咖啡馆"。

　　独特的土耳其咖啡使得到库德里咖啡馆的威尼斯人络绎不绝。虽然这家咖啡馆已几经易主，然而咖啡的准备方法并没有改变。时至今日，店里的咖啡依然是由咖啡豆直接在明火下烘烤而成，就像数百年前的土耳其人做的那样。

　　近250年来，库德里咖啡馆里也出现过许多名人的身影。例如19世纪法国著名作家，《红与黑》的作者司汤达就是那里的常客。意大利剧作家吉诺·达梅里尼（Gino Damerini）在文章中曾提到过20世纪的"意识流"的先驱大师，法国作家马塞尔·普鲁斯特（Marcel Proust）"尝试在库德里咖啡馆午后的阳光下舒缓自己的慢性哮喘"。

维也纳，奥地利

VIENNA, AUSTRIA

　　维也纳的咖啡馆文化是维也纳人的一种生活方式，一种让外人羡慕的传统。它在维也纳社会和文化传承的重要性使得联合国教科文组织在 2011 年将其评为世界非物质文化遗产。

　　维也纳人将咖啡馆当成是家中延伸出去的客厅，因此这些咖啡馆所营造的氛围通常是温馨、包容的。只要你点上一杯咖啡，咖啡馆中就有属于你的一个角落，可任你会友、工作或者发呆，没有人会来打扰你或催促你。这种待客的传统在 17 世纪末维也纳的咖啡馆建立之初便已形成。那时的人们大都住在拥挤的公寓里，并没有多余的空间可供他们坐下来放松。这些咖啡馆成立的宗旨就是为顾客们提供一个可以歇脚、逗留的去处，让人们有一个可以思考、阅读、交流意见的地方。

拱门阁景观

《霍夫堡舞会》，1900 年，威尔汉姆·高萨（Wilhelm Gause）

维也纳咖啡馆里的常客叫"Stamgast"。这些常客喜好的位子、饮料、甜点都会被细心的侍应们一一记住。这些常客通常仅光顾一家咖啡馆，而咖啡馆也对这些常客格外尽心。譬如，有一些常客经常会与相熟的侍应分享一块蛋糕。

维也纳咖啡通常被放置在一个银色的小托盘上，托盘上还放着糖，有一小杯用玻璃杯装着的水，玻璃杯上扣着一把小勺，这一细节用来告诉顾客杯子里的水是刚装的。而西装革履的侍应们则一如既往地细心与专注。在维也纳的咖啡馆里，你可以选择"Kleiner Brauner"和"Großer Brauner"，直译为"小棕杯"和"大棕杯"，分别为单份意大利特浓咖啡和双份意大利特浓咖啡，外加一小壶牛奶或奶油，以便顾客决定自己咖啡的浓度。"Einspänner"则是一种深受马夫和车夫喜爱的咖啡。与一般的咖啡不同，"Einspänner"通常被装在玻璃杯里，它是一大杯浓郁的黑咖啡被扣上了一大份打至浓稠的奶油。玻璃杯能为车夫们暖手，而一大份奶油既能为底下的咖啡起到保温作用，也能防止咖啡在户外颠簸的路上溢洒出来。另外一种传统的维也纳咖啡叫"Melang"。它与卡布奇诺类似，即一份意大利特浓咖啡加上一大杯热牛奶和很多的奶泡。

如今的咖啡馆提供报纸、杂志已经不是什么新鲜事了，然而第一家为顾客提供报纸、杂志等阅读材料的咖啡馆则是富有开创性的，这家咖啡馆即维也纳克拉默咖啡馆（Kramer's Coffee House）。咖啡馆的主人意识到到访咖啡馆的顾客大多是文人和作家，于是便决定为他们提供多元化的报纸、杂志。这让他的咖啡馆成为当时生意最好的咖啡馆。随后别的咖啡馆也纷纷效仿。从此，咖啡馆里是否有充足的阅读材料成为顾客们挑选咖啡馆的重要考量因素之一。

中央咖啡馆

CAFFÈ CENTRAL

馆主推荐

双份意式特浓咖啡配维也纳苹果卷
Großer Brauner & Wiener Apfelstrudel

Café Central
Corner Herrengasse /
Stauchgasse
1010 Wien
Österreich

www.cafecentral.wien

中央咖啡馆位于原维也纳的股票交易大楼里，于 1876 年开始营业，是维也纳最著名的咖啡馆。中央咖啡馆就如其名，地处维也纳的中心地带。

1900 年的中央咖啡馆

　　到了 20 世纪初，中央咖啡馆的名声已经打开，它成为了众多文学界、学术界和政治界名家的聚集地。中央咖啡馆的常客们成为了"中央主义者"（Centralist）。弗洛伊德就是一名"中央主义者"，他经常在中央咖啡馆会客。1913 年，世界局势风起云涌，希特勒、斯大林和托洛茨基都在维也纳居住过，也都光顾过中央咖啡馆。他们在这家咖啡馆中是否有过交集不得而知，然而，当他们坐在咖啡馆中，手握咖啡杯，抿一口咖啡时有着怎样的思绪和想法？而这些思绪和想法是否又影响了之后世界大战的计划？

　　如今，当你走进中央咖啡馆，迎面而来的是一个坐在咖啡桌旁的纸浆人像。他就是传说中的"咖啡馆诗人"彼得·阿尔滕伯格（Peter Altenburg）。他因创作了一首著名的咖啡馆诗歌而得此美誉。诗中写道：

当你被烦恼所困，请到咖啡馆。

当你厌烦人类，然而又无法幸福独处，请到咖啡馆。

当你作了一首诗，但无法与身边的朋友或街边的路人分享，请到咖啡馆！

中央咖啡馆在 1943 年被第二次世界大战的炮火摧毁，经过漫长的修复，直到 1986 年才重新打开大门。让人庆幸的是，咖啡馆的氛围不曾改变，繁华依旧，温暖依旧。

中央巧克力挞

维也纳苹果卷

斯伯尔咖啡馆

CAFFÈ SPERL

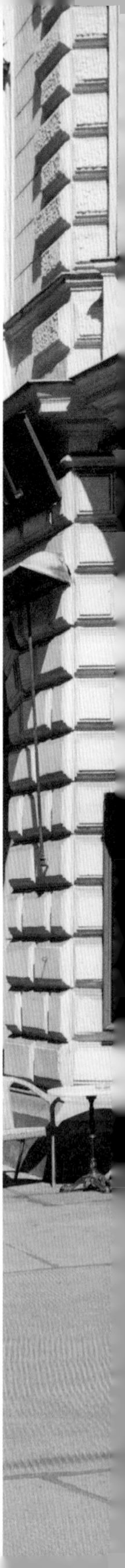

馆主推荐

米朗琪咖啡配斯伯尔挞
Melange & Sperl torte

Café Sperl
Gumpendorferstrasse 11
A-1060 Wien
Österreich

http://www.cafesperl.at

19 世纪末，人们从奥匈帝国各处移居维也纳，同时也带来了不同的文化和思想，使得维也纳成为一个更多元化的社会。在短短的 50 年间，维也纳的人口从 50 万飙升至近 200 万。斯伯尔咖啡馆就是在这样的大环境下，于 1880 年成立的。

大量移民的涌入给维也纳的文化艺术界带来了新鲜的血液和能量。在此期间，维也纳的艺术、文学和哲学领域都有不可估量的进步，其中又以音乐领域的进步最明显。受到巴黎雅各·奥芬巴赫 (Jacques Offenbach) 的歌剧取得巨大成功的启发，维也纳的约翰·斯特劳斯 (Johann Strauss) 也创作出了脍炙人口的歌剧作品。由于斯伯尔咖啡馆和维也纳大剧院距离很近，斯特劳斯和当时当红的歌剧演员都经常光顾斯伯尔咖啡馆。

与此同时，维也纳本土的一批艺术家、建筑家和设计师也时常相聚于斯伯尔咖啡馆，并成立了名为"维也纳分离派" (Vienna Secession) 的艺术组织，声称要与传统的美学观决裂，与正统的学院派艺术分道扬镳，故自称"分离派"。其第一任主席便是被誉为"奥地利最伟大画家"的古斯塔夫·克里姆特 (Gustav Klimt)。

1983 年，斯伯尔咖啡馆在开张 100 年后进行了细致、全面的修复工程，以保护其原有的建筑风格和细节，再现昔日的氛围。1988 年，斯伯尔咖啡馆被评为欧洲年度咖啡馆，至今一直门庭若市。

哈维卡咖啡馆

CAFFE HAWELKA

馆主推荐

维也纳鲜奶油咖啡配约瑟芬李子酱面包
Einspänner & Homemade Buchteln

Café Hawelka
Dorotheergasse 6
1010 Wien
Österreich

www.hawelka.at

哈维卡咖啡馆的创始人是利奥波德和约瑟芬·哈维卡夫妇。咖啡馆的历史就是夫妇二人唯美的爱情故事。

利奥波德于 1911 年出生于奥地利南部的一个鞋匠家庭，约瑟芬则来自奥地利北部的屠夫家庭，比利奥波德小两岁。在 20 世纪 20 年代末，两个年轻人都来到维也纳当时最著名的 Deieri 餐厅工作，也在那里开始了他们的爱情故事。

1936 年，利奥波德和约瑟芬结婚了。新婚的第二天，他们就在维也纳中心物色到了心仪的咖啡馆。他们除了将其名字改为哈维卡咖啡馆外，完整保留了店里的新艺术装潢风格，且这些装潢的细节一直保留至今。如今，走进咖啡馆，就如走进了一个时空隧道。除了木质的地板，店内的墙壁和天花板也是用质感温润的木板来装饰的。在吊着的圆灯的衬托下，显得格外古朴。坐在褪色的红色条纹沙发上，闻着空气中残留的淡淡的烟草味，时间已经失去了意义。墙上挂满了才华横溢的顾客的作品，也有音乐会的海报等当地的信息。虽然这样的做法已经很普遍，但利奥波德却是通过自己的咖啡馆的墙壁来卖广告的第一人。

哈维卡咖啡馆开张后不久，第二次世界大战就开始了。利奥波德加入了德国军队，成为入侵苏联军队中的一员。哈维卡咖啡馆不得不关门。战争结束后，哈维卡夫妇终于

20 世纪中叶哈维卡咖啡馆墙上的海报

在维也纳重聚，他们做的第一件事就是找到他们的咖啡馆，并惊喜地发现它竟然在战火中保存了下来，而且几乎没有被损毁。很快，哈维卡咖啡馆又再次开张营业。

到了 20 世纪 50 年代，哈维卡咖啡馆聚集了一批维也纳乃至世界知名的文学大师。维也纳学派的幻想现实主义的创始人都经常出现在哈维卡咖啡馆。美国著名的剧作家亚瑟·米勒（Arthur Miller）以及视觉艺术家安迪·沃霍尔（Andy Warhol）也是那里的常客。许多世界知名的政要也曾多次光顾哈维卡咖啡馆，其中包括克林顿和布莱尔。

哈维卡咖啡馆除了氛围吸引顾客，约瑟芬亲手做的"butchteln"，一种奥地利传统的带李子酱的面包也让许多顾客慕名而来。每天，这些新鲜面包的香气从咖啡馆飘到大街上，吸引喜爱甜食的维也纳人走进哈维卡咖啡馆的大门。如今，店里的面包依然每天都在新鲜出炉，由约瑟芬的儿子按照母亲的"秘方"来制作。

约瑟芬在 2005 年过世了，留下利奥波德独自打理咖啡馆。在利奥波德 2011 年去世后，咖啡馆由他的子孙接手经营，如今这家咖啡馆继续经营着，继续向人们诉说约瑟芬和利奥波德不朽的维也纳爱情故事。

巴黎，法国

PARIS, FRENCH

　　普罗科皮奥在法国开启了在公共场所喝咖啡的先河，法国人很快就把这种喝咖啡的方式融入了日常生活中。法国人把"喝咖啡"（Prendre son café）当成了一日中不可或缺的一部分，再忙碌也会为其腾出时间。在今日的巴黎街头，咖啡馆随处可见。无论它是巷弄里的一家随意的小店，还是地处繁华街头，装潢得美轮美奂的店面，巴黎人和旅客们都可以在那里瞥见法国的生活哲学。

　　法国人通常"在锌板上"（sur le zinc）喝每天的第一杯咖啡。这是因为大部分法国咖啡馆的吧台上都铺着锌板，而法国人通常都站着或靠着吧台，把咖啡喝完就赶着去上班了。中午，他们回到咖啡馆，与朋友见面或进行商务会面，在喝咖啡的同时吃简单的午餐。如果你去巴黎的话，就会发现，咖啡馆外以及阳台上的椅子都是朝向大街的。这是因为，时至今日，咖啡馆仍然是法国人展示自己以及观察别人的场所。在他们看来，生活是一个剧院，而大街就是舞台！

　　坐在咖啡馆里，喝着咖啡，街上流动的情景仿佛戏剧般在你的眼前展现。这就是最极致的法国生活。

开创巴黎咖啡馆文化的
意大利"天才"

LE PROCOPE

馆主推荐

炖牛肉和鸭肝酥皮派
Pâté en croute'Richelieu' style

Le Procope
13 Rue de l'Ancienne Comedie
75006, Paris

https://www.procope.com/en/

　　生意人敏感的商业触觉通常能推动新兴行业的诞生。在伦敦和阿姆斯特丹，咖啡馆的出现很大程度上是商人们追求利润的结果。但在巴黎，咖啡馆的来历则有趣得多。

　　1669 年，奥斯曼帝国的君主苏丹穆罕默德四世派苏莱曼将军到法国出任大使，当时的法国国王是路易十四。大使的随员们带来了大量的咖啡。他们除了在巴黎的宫廷中冲煮咖啡，也为巴黎的民众展示咖啡冲泡的过程。咖啡的浓郁香味伴随着奥斯曼帝国独特的奢华，让巴黎人为之着迷。

　　直到 1671 年，巴黎才出现了第一家咖啡馆。一个名为帕斯卡的亚美尼亚人在巴黎一年一度的圣日尔曼展会上开了一家咖啡馆，但这家店最后以倒闭收场，而帕斯卡去了伦敦。此时巴黎的街头也出现了售卖咖啡的小贩，这些早期的咖啡馆卖的咖啡大部分来自地中海东部，顾客们大部分是外国人。在那里，除了喝质量一般的咖啡，人们还可以抽烟，喝啤酒。而巴黎本地上层社会的人们不屑于光顾那样的场所。

　　巴黎咖啡馆历史的重要转折出现在 1676 年。意大利人弗朗西斯科·普罗科皮奥·代·科尔特里 （Francesco Procopio dei Coltelli） 也在圣日尔曼展览会上开了一家咖啡馆，他曾经在帕斯卡的咖啡馆里打过下手。但与帕斯卡的简陋的咖啡馆不同，普罗科皮奥的咖啡馆的店面用挂毯、大面的镜子、大理石的桌子、名画和大量的烛台来装饰，如此精致的装潢使得上层社会的顾客纷至沓来。展会上咖啡馆的成功让科尔特里在展会结束后于托侬大道（rue de Tournon）用同样的思路开设了一家咖啡馆，取名为普罗高普（Le Procope）。1686 年，这家店搬到了圣日尔曼弗斯街（rue des Fossés Saint Germain des prés），并一直营业至今。 这条街后来改名为"老喜剧院街"（rue de l'Ancienne Comédie）。普罗高普是现存最古老的咖啡馆。

　　普罗科皮奥的"天才"之处在于他明白当时法国的文化正处于一个转折点。当时的法国经济正处于衰退期，路易十四以及他的贸易大臣克尔波特（Colbert）正开始实行复苏经济的一系列计划。计划之一便是让"奢华"成为法国的驰名商标。他们鼓励贵族们穿戴入时，修葺自己的大宅时用当时最流行的镜子来装饰，休闲时用昂贵的瓷器来喝茶……正是这样的潮流带动了法国本土的镜子、瓷器这些新兴制造业的发展。普罗科皮奥的咖啡馆正好为这些达官贵人们炫耀自己的服装和财富提供了适当的氛围和场所。很快，很多模仿普罗科皮奥的咖啡馆出现在巴黎的街头，形成了一道独特的风景。这些咖啡馆成了巴黎的绅士们每天品尝咖啡、高谈阔论的必去之地。

普罗科皮奥的"天才"之处还体现在他把咖啡馆定位为"文艺咖啡馆"。为了吸引作家，咖啡馆为作家们准备好了墨水和纸张。当时纸张的价格相对昂贵，主人的阔达也是店里经常高朋满座的原因之一。卢梭、雨果、巴尔扎克、海明威都曾在这里一边写作，一边喝咖啡。在二楼靠窗的位置，还摆着一张椅背上刻着海明威的名字的椅子，名曰"海明威之椅"。但最热衷咖啡的顾客非伏尔泰莫属，相传他每天要喝 40 杯混着巧克力的咖啡。

罗伯斯比尔（Robespierre）、丹顿（Danton）和马拉（Marat）这 3 位法国大革命中最重要的人物经常聚集于普罗高普咖啡馆讨论社会变革。亚历山大·冯·洪堡（Alexander von Humboldt）是著名的地理学家、自然学家以及 19 世纪最著名的科学家。他从 19 世纪 20 年代起，每天中午 11~12 点间准时到普罗高普咖啡馆里来喝咖啡。

当然，现在的顾客们最感兴趣的还是那顶放在玻璃柜里的破帽子。相传当年拿破仑有一次在普罗高普咖啡馆用餐后发现没带钱，就用它来抵账。

普罗高普咖啡馆在 1988 ～ 1989 年间以 18 世纪的风格重新装潢。如今，如果你来到普罗高普咖啡馆，会看到庞佩红墙、水晶吊灯，那些到访过该咖啡馆的名人画像都用 18 世纪流行的椭圆形相框镶好，挂在墙上，服务生们都穿着仿法国大革命时期的服饰，试图把顾客带回普罗高普咖啡馆最辉煌的年代。

如今到普罗高普咖啡馆，你既可以喝咖啡，也可以品尝地道的巴黎美食。巴黎人常点的菜肴有炖牛肉和鸭肝酥皮派（Pâté en croute "Richelieu"style）等。

Voltaire and Diderot at Cafe le Procope

伏尔泰与其他法国学者聚集于普罗高普咖啡馆，
18 世纪

"双偶"与"花神"咖啡馆
LES DEUX MAGOTS & CAFEE DE FLORE

馆主推荐

双偶咖啡馆

古法热巧克力
Chocolat des Deux Magots à l'ancienne

Les Deux Magots
6 Place Saint-Germain des Prres,
75006 Paris

http://www.lesdeuxmagots.fr/en/paris-
restaurant.html

花神咖啡馆

里基尔三明治
Club sandwich "Rykiel"

Café de Flore
172 boulevard Saint Germain,
75006 Paris, France

https://cafedeflore.fr

在巴黎六区的圣日尔曼大街（Saint-Germain-des-Pres）上，"Café de Flore"和"Les Deux Magots"两家历史悠久的咖啡馆在同一条大街上"争奇斗艳"，相互"过招"了百余年。

按照咖啡馆官方网页上的介绍，"Les Deux Magots"意为"two Chinese figurines"（两尊中国人的塑像）。咖啡馆的前身是一家卖中国丝绸的商铺，店里的墙上镶挂着两座身穿清朝官服的老头塑像，咖啡馆由此得名。因此，本书将"Les Deux Magots"译为"双偶咖啡馆"。与其仅几步之遥的"Café de Flore"咖啡馆的名字则来自街对面"花神弗洛拉（Flora）"的雕塑。虽然这尊雕塑已不复存在，但咖啡馆阳台上茂盛的草木仍时刻提醒着人们这个名字的来历。

这两家咖啡馆都成立于 19 世纪末，从那时起，它们便成为许多艺术家、文学家以及政客们的聚集之地。法国"达达主义"以及"超现实主义"的领头人曾聚集在花神咖啡馆，徐志摩和周恩来总理留学法国期间也是花神咖啡馆的常客，而哲学家让·保罗·萨特（Jean-Paul Sartre）则在双偶咖啡馆辩论过他自己的"存在主义"的哲学观点。西蒙娜·德·波伏娃（Simone de Beauvoir）在那里完成了《第二性》的写作，并在她的日记里写道，坐在双偶咖啡馆里，她的"手指蠢蠢欲动，渴望写作"。

　　时至今日，这两家咖啡馆仍然是名人、名家们经常光顾的地方。在双偶咖啡馆，你会发现，某个名演员、名作家可能就坐在你身边。比如《加勒比海盗》的主角约翰尼·德普（Johnny Depp）以及《杀死比尔》的导演塔伦蒂诺（Tarantino）就是那里的常客。在花神咖啡馆，只有服务生们熟悉的常客才能通过电话订到位子。著名的服装设计师索尼亚·里基尔（Sonia Rykiel）每天都在那里保留位子到下午 1 点。店里的菜单上因此有以她的名字命名的三明治。在双偶咖啡馆，最简单的蒸馏咖啡（filter coffee）是他们的招牌咖啡。除此之外，古法热巧克力（Chocolat des Deux Magots à l'ancienne）当然也不容错过。

里基尔三明治，就是去除了面包和蛋黄酱的"公司三明治"

牛津，英国

OXFORD, ENGLAND

　　也许是因为学者们对学问的追求，或者是由于人们前卫的思想，英国历史上第一家咖啡馆并非出现在伦敦，而是牛津。和别的城市同时期的咖啡馆一样，光顾牛津咖啡馆的是各行各业的男性。然而把这些原本在社会上并无交集的人汇聚在一起，在牛津这个"宝地"，却发生了神奇的"化学作用"。这些人在这家咖啡馆里将知识和学术的边界和深度大大地延伸了。随着时间的推移，渐渐地，某家咖啡馆便汇集了对某种学术、话题感兴趣的人，而这些咖啡馆也因此成为了某个课题重要的交流和传播场所。也许是这些咖啡馆的氛围让人们可以放心地交流意见，使得思想的火花得以碰撞而产生巨大的能量。可以肯定的是，这些咖啡馆给客人们提供的不仅仅是一杯咖啡。

17 世纪末的伦敦咖啡馆，提利亚德咖啡馆的内部应该与此相近

天使咖啡馆

AT THE ANGEL

The Grand Café
84 The High
Oxford
OX1 4BG
ENGLAND

http://www.thegrandcafe.co.uk

　　牛津大学的教学传统可追溯至 1096 年。而牛津这个大学城中的第一座咖啡馆是开张于 1650 ～ 1651 年间的天使咖啡馆。咖啡馆的馆主是一位名为雅各布，来自黎巴嫩的犹太商人。人们对雅各布以及咖啡馆最早的历史所知甚少，但由于雅各布来自中东地区，因此不难想象，他把中东地区喝巧克力的传统在他的咖啡馆中延续了下来。

　　在天使咖啡馆最兴盛的 18 世纪，来往伦敦的马车每日早晨 8 点从那里出发。拉车的马匹就在附近的草地上吃草，养精蓄锐；而马夫们和旅客则通过出发前在咖啡馆里品尝一杯温热的咖啡或巧克力来面对接下来的旅途。那片草地在位于彻维尔河畔 (River Cherwell) 的莫德林学院（Magdalen College）的对面。因此，时至今日，人们将那片草地称为"天使草地"。

　　天使咖啡馆后来被店主搬到了伦敦。咖啡馆的旧址后来被作过杂货店、邮局、博物馆，甚至是生产举世闻名的泰迪熊的公司所在地，到 1997 年才恢复了咖啡馆的用途。此时的咖啡馆名为"格兰德咖啡馆"(The Grand Café)，在这英国第一家咖啡馆的所在地上至今营业了20 余年。

女王巷咖啡馆
QUEEN'S LANE COFFEE HOUSE

馆主推荐

热巧克力配胡萝卜蛋糕
Hot chocolate with a slice of carrot cake

Queen's Lane Coffee House
40 High Street
Oxford
OX1 4AP
ENGLAND

http://www.qlcoffeehouse.com

牛津第二家咖啡馆的到来无疑分流了天使咖啡馆的客源。女王巷咖啡馆位于牛津高街和女王巷的交界处，比天使咖啡馆晚开张 5 年。馆主也是来自中东的犹太人，名为瑟克斯·乔布森 (Cirques Jobson)，是叙利亚人。女王巷咖啡馆营业至今，有人说它才是欧洲历史上连续营业时间最久的咖啡馆。女王巷咖啡馆历来都深受牛津学子们的喜爱，尤其是其附近的女王学院、圣埃德蒙学院以及莫德林学院的学生。

就如雅各布的天使咖啡馆那样，乔布森也在他的咖啡馆中为顾客提供巧克力，这恰恰是 17 世纪刚刚兴起的潮流。在欧洲，饮用巧克力是从西班牙皇室兴起的，他们喜欢将苦涩的可可豆与辣椒粉混合起来饮用，但这样"特别"的口味并非人人都能接受。为了使这种饮料更容易入口，他们把辣椒粉去除，然后在可可豆中加入了牛奶和糖，这便是现在人们熟悉的巧克力热饮的味道。

西班牙大约 1490 年时开始驱逐境内的犹太人，于是这些深谙巧克力制作工序的犹太人迁徙到了欧洲别的地方，使得饮用巧克力的传统在欧洲传播开去。

在 18 世纪早期，咖啡馆还充当着图书馆的角色。当时有咖啡馆的馆主向顾客有偿出租书籍，生意还非常不错。这对当地的读者而言，他们能够不必购买书籍便能纵览群书。就如当时美国的一本法律杂志描述的那样："在这家咖啡馆里，租借书籍的费用为每学期一个先令。读者用这个先令可以阅读 2~3 份报纸，一两份杂志，新出版的学术小册子，有时还能读一本 8 开的书。咖啡馆为顾客将这些读物装订在一起，看上去竟然比牛津大学图书馆里的藏书更有趣。"

女王巷咖啡馆自 1983 年以来就不曾易主，一直都在为牛津——这个英国最古老的大学城里的学子提供一个温暖和惬意的所在。

提利亚德咖啡馆

TILLYARD'S COFFEE HOUSE

在 1650 年前后，喝咖啡以及咖啡馆文化开始在牛津流行。对咖啡的需求使得当时的学生和大学教师聚集起来，他们说服了当地的一名药剂师亚瑟·提利亚德(Arthur Tillyard)准备咖啡，供他们享用。提利亚德咖啡馆顺理成章地在 1655 年开张，之后就成为促成这家咖啡馆成立的学者们的聚集之地。这些学者包括化学家罗伯特·道尔（Robert Doyle）、建筑师克里斯托弗·雷恩（Christopher Wren）以及哲学家约翰·威尔金斯（John Wilkins）。他们被后人称为"牛津咖啡俱乐部"（Oxford Coffee Club）。牛津的哲学家和科学家们经常在提利亚德咖啡馆会面，讨论他们的理论和研究成果，这也成为了世界上历史最悠久和声名远播的独立科学协会。

这些科学家们每个星期在提利亚德咖啡馆的定期会面促成了后来皇家科学院的诞生。1672 年，皇家科学院任命的第一任院长便是牛顿。

除了学者，提利亚德咖啡馆也吸引了那些渴求知识的顾客。只要在提利亚德咖啡馆买一张门票，顾客便除了可以在那里享用咖啡，还可以阅读咖啡馆里大量的科学文章。门票的价格为一便士，一杯咖啡的收费为两便士。久而久之，咖啡馆便有了"便士大学"（Penny University）的美名。顾客用这一便士"敲开"了知识的大门，并且可以与志趣相投的人讨论想法，交流意见。学习不再局限在学校的课堂内，这就是提利亚德咖啡馆具有的革命性的存在意义。

"便士大学"在牛津取得巨大的商业上和社会影响力上的成功后，别的城市中也开始出现类似的机构。"便士大学"在英国的流行刚好与启蒙运动的时间相重合。在那个强调理性、知识、自由和民主的 18 世纪，这些咖啡馆中的顾客大部分就是这些拥有不平凡的想法和理想的平凡人，而正是这些人，这些想法才永远地改变了历史的轨迹，推动了人类文明的进步。

都灵，意大利

TURIN, ITALY

位于意大利北部的都灵没有威尼斯那让人神往的运河，没有米兰的时尚，也没有罗马那些宏伟壮观的古建筑，因此它是一个很容易被人忽视的城市。然而，都灵却在意大利的历史和世界咖啡史上都占据着重要的位置。

现代意义上的意大利成立于 1861 年，都灵是其在 1861 ～ 1865 年间的首都。在意大利摆脱奥地利统治、寻求独立期间，许多有志之士都聚集在都灵的咖啡馆里，共商"独立大计"，因此，都灵被称为"意大利自由之摇篮"。

1895 年，都灵出现了一个叫"拉瓦扎"（Lavazza）的咖啡品牌。路易吉·拉瓦扎（Luigi Lavazza）是一名富有创造性和激情的商人。在他 30 多岁的时候，基于对咖啡烘烤以及冲泡的知识，他在都灵买下了一家店面，用来卖自己的咖啡。这个小小的店面后来取得了巨大的成功，成为了家族企业，而其成功的秘诀就在于路易吉对世界各地生产的咖啡的特性的了解，使他可以为顾客调制出口感独特的咖啡。

到了 1957 年，工业化的拉瓦扎咖啡馆每天调制的咖啡达到 4 万千克，拉瓦扎咖啡便成了世界上最著名的咖啡品牌之一。路易吉在圣托马西路 (via San Tommasi) 上的老店在 1995 年重新开张，供咖啡爱好者品尝咖啡，以了解拉瓦扎咖啡的历史。

喝咖啡时的"绝配"非巧克力莫属。都灵除了有自己的品牌咖啡，还有一种叫"Gianduitto"的榛果巧克力。"Gianduitto"的名字源自"Gianduja"，为意大利传统的戏剧面具的一种，戴上这种面具的演员在戏剧中代表都灵人。这种糖果发明于 1865 年，为榛果泥混合最上等的可可粉制成的香滑柔软的三角帽形的巧克力，被包裹在金色或银色的锡纸里。仔细地将锡纸打开，咬一口巧克力，细细品尝，再抿一口咖啡，这就是都灵人对完美时刻的定义。

如果你觉得将巧克力和咖啡分开品尝很麻烦，都灵的咖啡馆还发明了一种将意大利特浓咖啡混合热巧克力，再加入鲜奶油的饮品，叫"Bicerin"，我们就叫它"必奢饮"吧。"必奢饮"自 18 世纪发明以来，深受都灵人的喜爱，然而对它到底是哪一家咖啡馆发明的这个问题，并没有定论。当然，现在到都灵，几乎每一家咖啡馆的菜单上都会有"必奢饮"。

《阿拉伯咖啡》，尤金·吉拉赫德（Eugéne Girardet）

必奢饮咖啡馆

CAFFÈ AL BICERIN

馆主推荐

必奢饮与必奢饮挞
Bicerin & Torta Bicerin

Caffè al Bicerin
Piazza della Consolata, 5
10122 Torino
Italia

http://bicerin.it

必奢饮咖啡馆，就如它的名字，是品尝"必奢饮"的最佳去处。然而这家咖啡馆其实在"必奢饮"出现前就成立了，只是后来因为这款"爆红"的饮品而改了自己的名字。

　　事实上，"必奢饮"这种饮品是从另外一种饮品"bavareisa"发展而来的。"Bavareisa"把巧克力、奶油和咖啡这3种原料混在一起，但从19世纪的某个时间开始，咖啡馆把3种材料分开呈现给顾客，由顾客按照自己的喜好来调出最符合自己口味的饮品。顾客在这个时候有3种选择："pur e fiur"（咖啡加鲜奶油）；"pur e barber"（咖啡加巧克力）和"'n poc'd tut'"（每一样都来一点）。都灵人普遍都偏爱最后一种享用方式。过了一段时间，这种被分解的饮品又被重新组合起来，并分层地放在圆形的玻璃杯里，这就是"必奢饮"。咖啡馆对饮用"必奢饮"的建议是：要想真正体会"必奢饮"的美妙之处，其秘诀在于要避免搅动杯中的原料，从而在饮用的时候，3种不同的味道直接到达味蕾后才被融合，这样你才能真正地品尝到3种不同原料的温度、质感和味道。在这之后不久，当地的人们便开始把这家咖啡馆称为"必奢饮咖啡馆"。

　　另外一个必奢饮咖啡馆成功的原因是它的地段，它的大门正对着广场的教堂。在进行圣餐礼前以及大斋月间的基督徒都需禁食，然而必奢饮由于不被认为是"食物"，又为人们提供能量，因此大受欢迎。

　　必奢饮咖啡馆在都灵以几乎无人能及的名声吸引了许多达官贵人的光临。歌剧作曲家普契尼在他的自传中就提到他自己是咖啡馆的常客，国王安波尔托二世（Umberto II）也曾给咖啡馆写过感谢信，这封信如今仍展示在店里。

　　与同时期的其他咖啡馆不同，必奢饮咖啡馆自成立以来一直为女性顾客敞开大门。十八、十九世纪的欧洲，咖啡馆里一般只有男性顾客聚在一起抽烟、喝咖啡，女性一般是不参与的。但由于必奢饮咖啡馆在成立之后一直由女性管理，侍应中有很多也是女性，因此女性顾客对光顾必奢饮咖啡馆不再存有顾虑。再加上咖啡馆正对着教堂，给人以庄重之感，女性顾客就更能放心光顾了。

　　2001年是必奢饮咖啡馆成立250年以来最辉煌的一年，它在这一年被提名为"意大利最佳咖啡馆"。虽然现在在都灵的咖啡馆里都能品尝到"必奢饮"，然而，也许只有在必奢饮咖啡馆里，你才能找到那杯最正宗的，由"祖传秘方"炮制而成的，充满爱意与敬意的必奢饮。

菲奥里奥咖啡馆

CAFFÈ FIORIO

馆主推荐

榛果巧克力冰激淋
Gianduia gelato

Caffè Fiorio
Via Po, 8
10121 Torino
Italia

http://www.caffefiorio.it

　　菲奥里奥咖啡馆位于都灵主要的街道——波河街（Via Po）上。街道两旁是带着拱廊的店铺。这样的设计是当时的国王维克托·伊曼纽尔一世（King Victor Emmanual I）要求的，这样他在巡街的时候就可以免受日晒雨淋之苦。

　　成立于 1780 年的菲奥里奥咖啡馆起初在众多的咖啡馆里并不出彩。直到 1845 年重新装潢后，其尊贵的氛围才被彰显出来，也因此吸引了许多达官贵人的光临，其中不乏城中那些在政治界最活跃的角色。这些人在菲奥里奥咖啡馆里发表的政见甚至受到了国王的重视。相传国王卡罗·费里奇（Carlo Felice）和卡罗·阿尔伯托（Carlo Alberto）每次在开始讨论国事前都要先问："最近在菲奥里奥咖啡馆里他们都说了什么？"

CAFFÉ DEI FRATELLI FIORIO

菲奥里奥咖啡馆中一个知名的顾客是卡福尔子爵（Count of Cavour）。他是意大利韦斯特俱乐部（La Società del Whist）的创始人。今天的菲奥里奥咖啡馆里还保留了"卡福尔厅"和"韦斯特厅"。虽然菲奥里奥咖啡馆与卡福尔有着很深的渊源，然而咖啡馆并没有对卡福尔的一切行为和言论都持毫无保留的支持态度。1859 年，卡福尔促成拿破仑三世（Napoléon III）的表弟和维托里奥·伊曼纽尔二世（Vittorio Emanuele II）的女儿的联姻，以增强法国和萨伏伊王朝之间的联系。新娘玛利亚只有 16 岁，而新郎则比她年长 20 岁。为了表达自己对这次联姻的不满以及对萨伏伊王朝保持独立的支持，菲奥里奥咖啡馆没有参加与联姻有关的任何庆祝活动。

如今菲奥里奥咖啡馆已经与政治无关。光顾它的顾客已经不再是那些板着脸的政治家们，更多的是欢乐的小朋友们。这样的转变是因为菲奥里奥咖啡馆已经成为了一家远近闻名的冰淇淋店（gelateria）。他们的招牌冰淇淋使用炼奶制作而成，因此格外香浓。这个配方的出现全因大约 1945 年时，战后新鲜牛奶极度缺乏。一名美国的军官为咖啡馆提供了炼奶来代替鲜奶作为补给。咖啡馆在做雪糕的时候在鲜牛奶里混入了炼奶，结果做出来的冰淇淋出乎意料地受顾客欢迎。咖啡馆在那之后便延用这个意外得来的配方来制作冰淇淋。

一杯一世界

圣卡罗咖啡馆

CAFFÈ SAN CARLO

馆主推荐

热巧克力和皮埃德蒙特人帽子蛋糕
Cioccolata calda & Bonèt Piemontese

Caffè San Carlo
Piazza San Carlo, 156
10121 Torino
Italia

位于圣卡罗广场的圣卡罗咖啡馆于1822年开张。自开张以来，它就是意大利独立统一运动支持者的聚集地。1837年，圣卡罗咖啡馆的新主人瓦萨洛（Vasallo）对其进行重新装潢，自此圣卡罗咖啡馆就变得如宫殿般奢华。光顾圣卡罗咖啡馆的顾客也不再是"草根阶级"，而是当时都灵社会里最权贵的阶层。

今天的圣卡罗咖啡馆，精致的装饰所用的金叶、巨大的镜子、深红色的丝绒和豪华的大理石都在美轮美奂的穆拉诺水晶灯下散发出柔和的光芒。可以想象，无论室内的装饰如何让人惊叹，如果仅仅依靠蜡烛作为光源，人们也不能极致地体会到咖啡馆的美。在电力被广泛使用之前，18世纪末的英国是最早使用气体来照明的国家。而这家位于意大利北部的圣卡罗咖啡馆，就是整个欧洲大陆上第一家使用气体来照明的餐馆，别的餐馆和咖啡馆在那之后纷纷效仿它。

贵族们的光临为圣卡罗咖啡馆增色不少。其中最出名的是路易吉·阿米迪奥王子（Prince Luigi Amedeo）。他是著名的探险家，他和船长乌博托·卡尼（Umberto Cagni）就是在圣卡罗咖啡馆里策划了那次著名的北极探险之旅。这场征程在1899年的春天由挪威起航。阿米迪奥王子与20余名探险家一路向北，来到鲁道夫岛安营扎寨，等待极夜期的结束。在此期间，阿米迪奥王子因为极度严寒而被冻伤了两只手指，无法继续接下来穿行冰冻海面到达北极的雪橇之旅。卡尼受命继续向前，并于1900年的4月25日到达北纬86°34'，刷新了人类去北极探险的纪录，带着荣耀与遗憾归来。也许在那漫天风雪里，支撑着卡尼前行的，除了勇气和信念，还有他念想中的圣卡罗咖啡馆里的那杯温热、香浓的咖啡。

里斯本，葡萄牙

LISBON, PORTUGAL

彼得罗广场，里斯本

喝咖啡是葡萄牙人日常生活密不可分的一部分。葡萄牙人把咖啡称为"国饮"。无论是在葡萄牙的乡村还是城市，大马路旁还是乡间小路旁，咖啡馆无处不在，而作为葡萄牙首都的里斯本，更是给人一种"不是在咖啡馆，就是在去咖啡馆的路上"的感觉。

在里斯本，以至整个葡萄牙，人们最钟情的咖啡是平平无奇的意大利特浓咖啡，里斯本的人们称之为"uma bica"。对于这个名称的由来有两种解释：第一种相对无趣。"Bica"是英语"spout"（喷嘴）的意思。在我们熟悉的咖啡机出现之前，咖啡在冲煮后，便被倒入一个有喷嘴形状出口的容器，之后倒入顾客的咖啡壶中，再倒入杯中，让顾客享用。然而这样的过程却使得咖啡失去了其原有的香味。因此，在顾客的要求下，向顾客提供的咖啡便直接自这喷嘴形状的出口，即"bica"处出来。

另一种解释则更有趣一些。人们认为"bica"名字来自下文介绍的巴西人咖啡馆（Café A Brasileira）的营销手段。当时巴西人咖啡馆正在推出一种浓郁、味苦的咖啡，他们在海报上印着这样的广告词——"beba isto com açucar"（饮之与糖）。这几个词的第一个字母组成了"bica"这个词。

当然，如果你喜欢无糖的咖啡，里斯本的咖啡馆里有着丰富的甜品让你选择。这些无疑是饮用无糖咖啡时的最佳伴侣。其中最著名的甜品非葡式蛋挞莫属。葡式蛋挞出自18世纪位于里斯本市郊贝伦（Belém）区的热罗尼莫斯修道院。当时修道院里来自法国的修道士在使用蛋白给衣服上浆后，便想着如何用这剩下的蛋黄制作出有家乡味道的甜点。终于，他们用蛋黄、牛奶、肉桂粉、白糖和香脆的油酥面皮制成了"pastel de nata"（葡萄牙酥皮蛋挞）。到了19世纪初，修道士们开始对外出售他们制作的蛋挞，以为修道院筹集经费。虽然蛋挞十分受欢迎，但修道院最终难逃被关闭的命运。修道院附近的一家糖果厂在收购了贝伦安提瓜咖啡馆（Antigua Confetaria de Belém）后，将那宝贵的蛋挞制作"秘方"买了下来，并且从1837年开始制作这种蛋挞。时至今日，只有那家糖果厂出售的蛋挞才可以被称作"贝伦蛋挞"（pastel de Belém），其他地方出产的蛋挞都只能被笼统地叫做"葡式蛋挞"。

据说贝伦蛋挞的配方到现在仍是机密。现在参加那里的烘焙课程的人们都必须宣誓：把制作蛋挞的配方继续保密下去。

马蒂尼奥·达·奥尔卡达咖啡馆

CAFÉ MARTINHO DA ARCADA

馆主推荐

日常咖啡以及葡式蛋挞
Café & Pastel de nata

Café Martinho da Arcada
Praça do Comércio, 3
1100-148 Lisboa
Portugal

http://www.martinhodaarcada.pt

马蒂尼奥·达·奥尔卡达咖啡馆（下文简称马蒂尼奥咖啡馆）建于 1778 年，据称是里斯本最古老的咖啡馆。1755 年，发生于里斯本的一场里氏 9 级的地震是人类历史上破坏性最大和死伤人数最多的地震之一。马蒂尼奥·达·奥尔卡达咖啡馆成立于地震 20 余年后，它最初的名字是"冰雪咖啡"，因为其成立的目的是为葡萄牙皇室提供冰块与冰淇淋。到了 1829 年，马蒂尼奥·巴托洛穆·罗德里格斯接手了这家咖啡馆，并以自己的名字来命名。

历史上，马蒂尼奥咖啡馆最著名的顾客要数葡萄牙诗人费尔南多·佩索阿（Fernando Pessoa）。虽然他也光顾别的咖啡馆，但在他生命中的最后 10 年，似乎只有马蒂尼奥咖啡馆能留住他徘徊的脚步。据说他把咖啡馆当作自己的第二个家，几乎每个午后都在那里写作和会友。他的著名诗集《使命》中的许多首诗都是在马蒂尼奥咖啡馆中创作完成的。据说佩索阿人生中的最后一杯咖啡也极有可能是在马蒂尼奥咖啡馆享用的。在他去世的前 3 天，他还和他的好友在那里相聚。

佩索阿和其他诗人以及画家阿玛迪奥·德·苏扎·卡多索（Amadeo de Souza-Cardoso）在马蒂尼奥咖啡馆成立了奥菲会（Grupo de Orfeu），会员们就是将现代主义文学和绘画引进葡萄牙的文化先锋。

虽然这些伟大的哲人和诗人早已作古，但他们的精神却在马蒂尼奥咖啡馆得以永生。自 1991 年开始，作家路易·马卡多（Luís Machado）在咖啡馆组织了许多文化交流和探讨的活动。其中如"星期二对话""马蒂尼奥之夜"和"葡萄牙的多面性"等活动都推动了文学和社会层面的交流，获得了巨大的成功。这种文化氛围继续吸引着导演曼努埃尔·德奥里维拉（Manoel de Oliveira）和诺贝尔文学奖的获得者若泽·萨拉马戈（José Saramago）等人士到访马蒂尼奥咖啡馆。

尼科拉咖啡馆

CAFÉ NICOLA

馆主推荐

尼科拉招牌咖啡
Bife à Nicola

Café Nicola
Praça Dom Pedro IV 24-25
1200-091 Lisboa
Portugal

http://www.nicola.pt

尼科拉咖啡馆成立于 1779 年，是里斯本最早的一批咖啡馆 / 酒馆之一。与别的知名咖啡馆一样，尼科拉咖啡馆的顾客大都是作家、艺术家和政治家。它是著名的"里斯本文化艺术圈"（Tertùllias de Lisboa）的创建地。

与尼科拉咖啡馆的渊源最深的顾客要数诗人曼努埃尔·玛丽亚·巴博萨·杜波卡奇（Manuel Maria Barbosa du Bocage）。杜波卡奇经常光顾尼科拉咖啡馆，在那里会友、创作和思考。虽然杜波卡奇在 1805 年就去世了，但尼科拉咖啡馆时至今日依然在显眼的地方挂着由费尔南多·多斯桑托斯（Fernando dos Santos）创作的一幅幅描绘诗人生活情景的油画，还放置了诗人的塑像。

19 世纪时，尼科拉咖啡馆的名声并不太好，人们似乎更把它当成饮酒和赌博的酒馆。上文所提的那些油画中的其中一幅描绘的就是诗人波卡奇在走出尼科拉咖啡馆的时候被警察盘问的情景。据说诗人是这样应对警察盘问的：

Eu sou Bocage

Venho do Nicola

Vou p'ro outro mundo

Se dispara a pistola

我是杜波卡奇

我来自尼科拉

我将往另一个世界奔离

枪声已响起

由于政治压力，尼科拉咖啡馆在 1834 年被迫关门，一直到 1929 年才重新营业。1935 年，葡萄牙著名的建筑师曼努尔·诺特二世（Manuel Norte Júnior）将咖啡馆的外墙改为古典主义的建筑风格，并保留至今。

如今，尼科拉咖啡馆出售的是自有品牌的咖啡，使用的是来自巴西的咖啡豆，并成为了葡萄牙最大的咖啡烘焙商之一。

巴西人咖啡馆

CAFÉ A BRASILEIRA

馆主推荐

意大利特浓咖啡
Uma bica

Café A Brasileira
Rua Garrett 120
1200-273 Lisboa
Portugal

巴西人咖啡馆的分店现在遍布葡萄牙和西班牙，其创始人是一个名为阿德里安诺·索里斯·特里斯·杜瓦里（Adriano Soares Teles do Vale）的商人。他出生于葡萄牙，12 岁时移居巴西，之后从事咖啡的生产、制作行业。20 世纪初，他回到葡萄牙后成立了巴西人咖啡馆。

由于特里斯与巴西的关系，特里斯为葡萄牙人进口和制作了纯正的巴西咖啡，而当时巴西的咖啡在欧洲并不出名。当时他的小店主要出售顾客可以自己在家冲煮的、研磨过的咖啡粉，而非咖啡。特里斯于 1903 年在波尔图开了第一家店面，里斯本的巴西人咖啡馆则在 2 年后开张。

特里斯非常具有商业头脑。他推出购买"满 1 千克咖啡粉赠送 1 杯店内免费冲泡好的咖啡"的优惠给顾客。这个噱头成功吸引了许多顾客，也让特里斯意识到其实卖冲泡好的咖啡比卖咖啡粉的利润更高。特里斯因此开始改造他的店面，以迎合他新的商业计划。

装修好的咖啡馆的内部是装饰主义的风格，镶满镜子的墙面、大理石和黄铜的装饰与精雕细琢的木质装饰相辉映。这些装潢的细节一直保留至今。

特里斯除了是成功的商人，还是音乐和艺术的狂热爱好者。他是里斯本第一座现代艺术美术馆的赞助人。1925 年，巴西人咖啡馆里展出了 7 位新锐葡萄牙画家的作品，当然，这些画家本身也是咖啡馆的常客。后来，这些作品在 1968 年出售给了同一个买家。咖啡馆展出本土画家作品的传统也保留至今。

诗人佩索阿也是巴西人咖啡馆的常客。然而，他经常在那里饮用的是苦艾酒，并非咖啡。有人说他先在巴西人咖啡馆那里用苦艾酒"放松了灵魂"后，再到马蒂尼奥咖啡馆用咖啡提神写作。虽说巴西人咖啡馆也许并非佩索阿的最爱，但巴西人咖啡馆却在门外的咖啡桌边放置了佩索阿的塑像。里斯本的美术学院就在巴西人咖啡馆附近，1 300 名学生与慕名而来的游客使得咖啡馆每日都门庭若市。

布拉格，捷克共和国

PRAGUE, THE CZECH REPUBLIC

布拉格日落

布拉格的历史悠久，并且融合了多种文化。布拉格是曾经的奥匈帝国的一部分，而奥匈帝国的首都则是维也纳。我们前面已经介绍了维也纳盛行的咖啡文化，因此不难想象，在布拉格，我们也可以见到和维也纳相似的咖啡文化传统。

与维也纳的咖啡馆相似，布拉格的咖啡馆也是一个供人休闲、自省和交流的所在。在那里，顾客不会被催赶，因此可以从容、自在、单纯地与好友对话，与自己相处。

20世纪初，在席卷全球的"大萧条"到来之前，咖啡馆在布拉格进入了黄金时期。它们无处不在，而且大都取得了商业上的成功。在一些街道上，咖啡馆接踵而至，导致那些喜欢咖啡馆的人们可能穿过一条街道就得用上半天的时间。充足的财富使得上百家咖啡馆在繁华的布拉格市中心遍地开花。可惜好景不长，当经济萧条来袭，首当其冲的就是这些咖啡馆，随后爆发的第二次世界大战也使布拉格的咖啡馆文化得不到复苏的机会。如今的布拉格也许恢复了昔日的繁盛，然而那种20世纪初咖啡馆林立的场景似乎也只能在老照片中存在了，给人念想，给人遗憾。

斯拉维亚咖啡馆

CAFÉ SLAVIA

斯拉维亚咖啡馆无疑是布拉格最著名的咖啡馆，其位于拉赞斯基宫（Lažanský Palace）里，在历史悠久的国家大剧院对面，伏尔塔瓦河畔（Vltava River）。这样无人能及的地理位置当然不是出于偶然。1868年，正在兴建中的国家大剧院引起了商人瓦克拉夫·佐法力 (Václav Zoufalý) 的注意。十几年后，佐法力将拉赞斯基宫的首层承包了下来，并且将其打造成当时最奢华的咖啡馆，而他的目标客源便是那些去大剧院看戏、赏曲的人们，还有那里的演员和导演等工作人员。大剧院在1881年对外开放，而斯拉维亚咖啡馆则在1884年开张，并且客流不息，就如佐法力预料的那样。

光顾斯拉维亚咖啡馆的最著名的客人要数瓦茨拉夫·哈维尔（Václav Havel）。出生于布拉格的哈维尔在出任捷克总统前是一名成功的剧作家。从1989年至1992年，他出任捷克斯洛伐克的总统，并且成为捷克共和国成立后的第一位总统。他在位10年之久，一直到2003年才卸任。他对斯拉维亚咖啡馆十分钟情，那里有他专属的位子。1992年，当斯拉维亚咖啡馆由于一宗错综复杂的官司而不得不暂停营业时，当时身为总统的哈维尔还为咖啡馆的重新开张四处申诉。5年后，哈维尔才得偿所愿。

苦艾酒出现于 19 世纪，它含有一种有毒化学物质侧柏酮，可使人产生幻觉。苦艾酒在 19 世纪末的巴黎咖啡馆里十分流行，它深受巴黎艺术家和作家们的喜爱，其中包括毕加索、梵高和海明威等艺术大师。这种潮流传播到欧洲的其他地区，很快顾客在布拉格的咖啡馆里也可以品尝到苦艾酒。也许是苦艾酒的毒性唤醒了艺术家们的想象力，使他们可以更深刻地表达自己灵魂深处的想法。所以，尽管大部分欧洲国家现在已经把苦艾酒列为禁酒，但在布拉格咖啡馆还是可以喝到这种美名为"绿精灵"的苦艾酒。

在斯拉维亚咖啡馆的墙上现在还挂着一幅由维特·奥利瓦（Viktor Oliva）创作的名为《喝苦艾酒的人》的画。画中的男人独自坐在咖啡馆里，忧伤地细品着一杯苦艾酒，在他面前的桌子上有一份摊开的报纸。一名侍应正远远地看着他。一个绿色的女性幽灵也伏在桌子上含情脉脉地看着他。也许于他而言，她就是他的"绿精灵"吧。这幅画下的位子如今是咖啡馆里最抢手的座位。人们喜欢坐在那里，看着窗外，观察、思考，也许也在等待属于他们自己的"绿精灵"的到来。

卢浮咖啡馆

CAFÉ LOUVRE

馆主推荐

维也纳咖啡配乡村奶酪蛋糕
Vídeňská káva (Viennese coffee)
Tvarohový dort (Country cheesecake)

Café Louvre
Národní 22
110 00 Praha 1
Česká republika

http://www.cafelouvre.cz/

1902 年，有两场关于法国艺术的展览在布拉格举行。第一场是罗丹的雕塑展览，而第二场展览的主题则分散些，名为"法国现代画展"。这两场展览都在布拉格引起了轰动。同年，一家名为"卢浮"（Louvre）的咖啡馆在距离斯拉维亚咖啡馆不到 5 分钟路程的同一条路上开张。显而易见，咖啡馆的名字就来源于巴黎的卢浮宫。而咖啡馆自成立以来，一直是艺术的支持者。咖啡馆中的画廊还展出了捷克当代艺术家的作品，让顾客在品尝咖啡之余，还可以感受艺术的美好。

1921 年成立于伦敦的国际作家协会(PEN International) 与卢浮咖啡馆也有很深的渊源。1925 年 2 月，卢浮咖啡馆举办了国际作家协会的第一届全体大会。这次大会由国际笔会捷克斯洛伐克分会的会长卡雷尔·恰佩克（Karel Čapek）主持。恰佩克后来被 7 次提名诺贝尔文学奖。因此，卢浮咖啡馆吸引了越来越多的作家光顾，他们把卢浮咖啡馆当作自己的办公室，甚至连给出版商和编辑们写信用的都是咖啡馆的信笺。

爱因斯坦曾经在布拉格的德国大学工作过一年。在这一年里，他也是卢浮咖啡馆的常客。他经常在那里与数学家乔治·皮克（George Pick）会面。爱因斯坦是在皮克的推荐下在布拉格获得教职的，皮克还一直向爱因斯坦介绍意大利数学家库尔巴斯托罗（Curbastro）和奇维塔（Civita）在张量分析方面的理论，而这些理论在爱因斯坦后来研究相对论的时候起到了很大的帮助作用。

1948 年，卢浮咖啡馆在开张营业将近 50 年后被迫停止营业，直到 20 世纪 90 年代，当时年仅 26 岁的希尔维奥·施波尔（Sylvio Spohr）出现，卢浮咖啡馆才得以恢复往日的面貌。1992 年，卢浮咖啡馆重新开张，现在每天大约有 1 000 人慕名到咖啡馆喝咖啡、品美食。

帝国咖啡馆
CAFÉ IMPERIAL

馆主推荐

烩小牛脸颊肉
Telecí líčka na červeném víně (Braised veal cheeks)

帝国红枣蛋糕
Imperiální dort s datteli (Imperial cake with dates)

Café Imperial
Na Poříčí 15
118 00 Praha 1
Česká republika

http://www.cafeimperial.cz

帝国咖啡馆是五星级的帝国酒店附属的咖啡馆，至今已有百余年的历史。咖啡馆内部的装潢混合了装饰艺术、新艺术和立体主义的风格。人们可以在咖啡馆的内部感受到地中海文化以及埃及文化的氛围：精美的马赛克、大理石和彩色玻璃覆盖了咖啡馆的每一寸表面，其闪耀的程度让人忍不住惊呼。

帝国咖啡馆在历史上饱受战争和政治运动的影响。第二次世界大战期间，两名德国士兵宣称他们是帝国咖啡馆的主人，那时的咖啡馆失去了金碧辉煌的神采，捷克人也不再光顾。战后，捷克人将帝国咖啡馆修复至其旧日的样子，被列为联合国教科文组织的世界遗产的一部分。

帝国咖啡馆历史上最出名的一道"名菜"现在在菜单上已经找不到了。这道菜名为"萨图宁的大碗"（Saturnin's Bowl）。它其实是一碗前一天剩下的甜甜圈。任何年龄大于21岁，并且没有喝酒的人都可以在咖啡馆里购买这碗甜甜圈，然后向店里的顾客或者侍应们砸去。这个"萨图宁的大碗"其实出自一本捷克小说《萨图宁》。书里的主人公是一个非常调皮的侍应。他为了确定咖啡馆里顾客的种类，发明了这样一个方法：向顾客们砸甜甜圈，看他们的反应如何。据他的观察，世界上有这样3种顾客：第一种人在被砸了甜甜圈后看着甜甜圈发呆，第二种人幻想着拿起甜甜圈向旁人砸去，第三种人就真的拿起那个甜甜圈朝身边的人扔过去。这道"萨图宁的大碗"据说在帝国咖啡馆大受欢迎，而酒店也会为客人免费清洁弄脏了的衣服。可惜，如果你今天到帝国咖啡馆去，菜单上已经没有这个选项了。酒店的发言人说这是因为事后的清洁实在是太费事、费时，而且咖啡馆的室内装潢也经常随着"遭殃"，清洁的费用非常高。

现在帝国咖啡馆的主厨是捷克名厨兹德内克·波赫雷赫（Zdeněk Pohlreich）。波赫雷赫的厨艺深受英国名厨戈登·拉姆齐（Gordon Ramsay）的赞赏。因此，在帝国咖啡馆，除了能在精致绝伦的环境中喝浓郁的咖啡，还可以品尝地道的捷克美食。

西雅图，美国

Seattle, USA

西雅图被誉为美国的"咖啡首都"。在北美的所有城市中，西雅图每年的咖啡消耗量是最大的。每年的 10 月到第二年的 4 月都是西雅图的雨季。一家家咖啡馆成了西雅图人在这连绵风雨里的避风港。这也许是西雅图人对咖啡格外钟爱的原因之一。

　　19 世纪末，大批来自北欧的移民在位于西雅图西北部的巴拉德（Ballard）社区定居下来，他们大部分是渔民、农民以及矿工。1910 年时，来自北欧的移民占了所有移民总数的 1/3。而芬兰、挪威、冰岛、丹麦和瑞典都是人均咖啡消耗量位居前 10 的国家，因此西雅图人对咖啡的钟情也许是由其基因决定的。

　　埃塞俄比亚人也是西雅图人口的重要组成部分。自 1980 年开始，美国联邦政府开始把来自埃塞俄比亚的难民安置在西雅图。而埃塞俄比亚是咖啡树的发源地，也有悠久的咖啡制作历史。这些难民无疑带来了他们祖国的咖啡文化和习俗。时至今日，有埃塞俄比亚血统的人在西雅图大约有 10 000 人。埃塞俄比亚的咖啡文化因此在美国的咖啡桌上得以延续。

　　也许就是因为人们对咖啡的热爱，西雅图才产生了世界上最大、最盈利的咖啡馆连锁店——星巴克。

安可咖啡馆

CAFÉ ENCORE

西雅图的第一家咖啡馆——安可咖啡馆于 1958 年开张，馆主是一个名叫拉斯蒂·汤姆斯（Rusty Thomas）的纽约人。汤姆斯原本打算到西雅图来开一家古董店。然而当来到西雅图时，他发现这个城市的咖啡馆极度稀缺，因此改变了主意，之后安可咖啡馆就诞生了，西雅图的咖啡馆文化也开始了。

安可咖啡馆为西雅图的人们提供了一个家和工作地点之外的第三个去处。为了吸引顾客，安可咖啡馆还开创了给乡村歌手们提供舞台的先河。随着西雅图的咖啡馆数量的与日俱增，乡村歌手们的舞台越来越多。咖啡馆与美国乡村歌手们成功地相辅相成，直到甲壳虫乐队（The Beatles）和滚石乐队（The Rolling Stones）的到来才让这样的趋势有所逆转。在来自英伦的乐队席卷美国的同时，乡村音乐与咖啡馆在美国也开始分道扬镳。

安可咖啡馆的原址位于西雅图的大学区内，那也是华盛顿大学主校区的旧址。许多咖啡馆后来纷纷效仿安可咖啡馆，将咖啡馆开在这年轻的、反主流文化的、有着波希米亚风格的大学区里。可惜的是，安可咖啡馆虽然有着划时代意义的开头，其故事却没有得到很好的续写，人们甚至不是很清楚它何时易主，又在何时永远地关上了大门。

布鲁克林的最后出口咖啡馆

LAST EXIT ON BROOKLYN

布鲁克林的最后出口咖啡馆（下文称"最后出口咖啡馆"）成立于 1967 年，与安可咖啡馆一样，也位于大学区内。咖啡馆的馆主是商人和国际象棋爱好者欧夫·希斯基（Irv Cisski）。咖啡馆的风格奇趣，吸引了许多有趣的顾客。咖啡馆被誉为"20 世纪 60 年代西雅图的地标"，吸引着城市里的学生、诗人、象棋大师、青少年、知识分子、工人、音乐家、艺术家和嬉皮士。

最后出口咖啡馆里装潢奇特：家具永远是不配套的，有不同年代、不同出处的；洗手间的墙也一直在刚粉刷完和有着密密麻麻的涂鸦间徘徊；二流的画作挂在墙上出售，而墙上的墙纸残破得被公认为"有害健康"。

然而有着貌似"不入流"的装潢的最后出口咖啡馆却生意极好，这和馆主希斯基营造的开放、平等的氛围是分不开的。在接受《西雅图时报》就最后出口咖啡馆成立 20 周年的采访时，希斯基说："我希望我的咖啡馆是人们可以放松神经的地方，是人人平等的地方。在这里，想法和思想是神圣不可

侵犯的。"希斯基是这样说的，也是这样做的。他的咖啡馆全年无休，即使是在圣诞节也一样，旨在任何时候都能为每个人提供一个去处。

希斯基对国际象棋的热爱也使得他的咖啡馆成为了国际象棋爱好者的聚集地。从业余爱好者到最著名的象棋大师都曾聚集在那里，互相切磋。美国棋王亚瑟·萨拉万（Yasser Seirawan）曾说："最后出口咖啡馆是象棋天堂。在这里聚集了最不寻常的一批人，他们在棋盘上相互'厮杀'。"

在咖啡馆成立 20 多年后，希斯基于 1992 年去世。而咖啡馆也最终在 2000 年关上了大门。

安可咖啡馆和最后出口咖啡馆虽然都没有营业至今，然而它们却是西雅图咖啡馆文化的开创者。他们的存在使得西雅图人在阴冷的雨天有了去处，使得他们对咖啡有了更高的要求，因此才有了后来的"第二波咖啡运动"，才有了接下来这家全地球人都知道的咖啡馆。

星巴克
STARBUCKS

馆主推荐

焦糖星冰乐加奶油和焦糖糖浆
Caramel Frappuccino® with whipped cream and caramel sauce

Starbucks
102 Pike Street
Seattle
WA 98101
USA

www.starbucks.com

　　星巴克起源于 1971 年的西雅图，成立之初以出售烘焙类的咖啡为主。星巴克的 3 名创始人为旧金山大学的校友：英语教师杰里·鲍德温（Jerry Baldwin）、历史教师杰夫·西格（Zev Siegl）和作家戈登·鲍克（Gordon Bowker）。他们创业的灵感源自"皮特的咖啡与茶"（Peet's Coffee & Tea）的创始人阿尔弗雷德·皮特（Alfred Peet）。皮特将自己烘焙咖啡的方法传授给了上述"三剑侠"，因此也有人称皮特是"教会全世界喝咖啡的人"。皮特是来自荷兰的移民，从 20 世纪 50 年代开始将上好的阿拉比卡咖啡豆进口至美国，并于 1966 年成立了"皮特的咖啡与茶"公司，出售小包装的新鲜咖啡豆。这些咖啡豆比当时美国市面上的咖啡豆在品质上更胜一筹。

　　受到皮特的启发，"三剑侠"决定成立出售上好咖啡豆以及咖啡机器的公司。但他们在决定公司的名字上却走了一些弯路。一开始，他们将公司称为"皮廓德"（Pequod）。这是在 1851 年出版的赫尔曼·梅尔维尔（Herman Melville）的经典小说《白鲸记》中的一艘捕鲸船的名字。后来他们的设计师朋友特里·黑克勒（Terry Heckler）说他不认为有人会跑去买一杯"皮廓德"。"三剑侠"后来看中了《白鲸记》里一艘船上的大副的名字"Starbuck"，认为以"st"开头的词更有力量，于是就有了后来的"Starbucks"。星巴克的商标也是黑克勒的主意。其原型是希腊神话中的"塞壬"（Siren），为古希腊传说中半人半鸟的女海妖，惯以美妙的歌声引诱水手，使他们的船只或触礁，或驶入危险的水域，象征着咖啡的迷人香气吸引着人们走进星巴克。

之前提到星巴克在成立之初并非咖啡馆，而是咖啡豆和咖啡器材的供应商。而星巴克之所以成为今天的星巴克，很大程度上是霍华德·舒尔茨（Howard Schultz）的功劳。1983年，在舒尔茨还是星巴克的营销总裁的时候，他来到意大利考察。当地的咖啡文化给了他很大的震撼。咖啡不单只是咖啡，它还是戏剧、是艺术、是魔法。在那次考察之旅后，他便计划将这样的咖啡文化氛围通过星巴克带回北美。然而当时星巴克的老板对这种意大利咖啡文化并不感兴趣。舒尔茨在1985年离开星巴克，成立了自己的咖啡馆——日常咖啡馆（Il Giornale），主打意大利特浓咖啡。两年之后，星巴克的主人决定出售星巴克，而舒尔茨则花费380万美元成为了星巴克的新东家。

接手星巴克后，舒尔茨做的第一件事便是在每一家星巴克的店里开设意大利式的咖啡吧，第二件事便是在全球打开星巴克的市场。在舒尔茨购买星巴克2年之后，星巴克已经在全球拥有46家门店。星巴克在1992年上市，成为了世界上规模最大的咖啡馆连锁店，也成为了"第二波咖啡运动"的代名词。

"第一波咖啡运动"指的是将咖啡这种饮品普及化，让世界上更多的人认识和饮用咖啡，并不强调咖啡本身的质量；而"第二波咖啡运动"则注重咖啡的质量，细分了咖啡的做法，鼓励人们走进咖啡馆，将喝咖啡本身当作一种全身心的体验。

除了是这"第二波咖啡运动"的代言人，星巴克还努力地成为人们在家和工作地点之外的"第三个去处"，他们甚至还有"第三个去处"的宣言。宣言里是这样说的："我们希望自己的咖啡馆能成为人们的第三个去处，成为一个温暖、热情的所在。无论人们是否购买咖啡，都欢迎使用咖啡馆里的洗手间以及露台等公共设施。"人们对这样的宣言是存在疑问的。2018年4月，美国费城就有2名黑人青年在星巴克里被拘捕，原因是他们在没有购买任何物品的情况下在店内游荡。这件事后来成为了头条新闻，也引发了一场反种族歧视的抗议活动。虽然后来星巴克与2名青年达成了和解协议，并且在美国的8000多家门店给175000多名员工进行了培训，但人们开始质疑这种盈利机构看似开放的"第三个去处"的政策的诚意。时至今日，星巴克平均每4个小时就在全球开设一家咖啡馆，唯独在意大利，这个全球第四大咖啡消费国，迟迟没有出现星巴克的身影。直到2018年9月，意大利的第一家星巴克才在米兰开张，舒尔茨长期以来在浓缩咖啡的故乡意大利开店的梦想也终于实现。

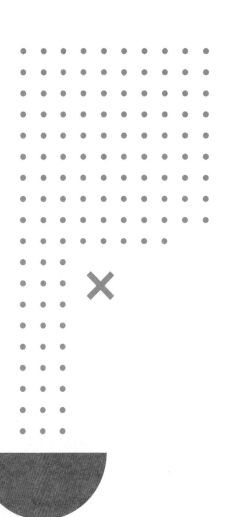

咖啡馆的未来

The Future of the Coffee House

咖啡文化不是静止的。如今的咖啡馆与那些最早期的咖啡馆已不尽相同。早期的咖啡馆是思想和理念交换的场所。渐渐地，除了最原始的咖啡，咖啡馆开始为顾客提供更多的选择：低脂、无咖啡因的咖啡等。咖啡馆一开始是一个鼓励对话和培养亲密关系的地方，如今，由于无线网络和手机等科技手段的出现，在咖啡馆里，坐在邻座的人们之间不会有任何的交流。然而，这样的状态正在悄悄地改变。新一波的咖啡文化正在世界各地传播开去，我们把这称为"第三波咖啡运动"。

这一切的开始也许得归功于星巴克的"法布其诺（星冰乐）"。这种加入了牛奶、砂糖、干果胶粉、可可粉和冰块的招牌饮料让热爱咖啡的人意识到也许我们在"改良"咖啡这条路上走得太远了，这才有了号召大家返璞归真，回归到咖啡本身的咖啡文化的出现。在这种"第三波咖啡运动"的咖啡馆里，纯粹的咖啡是主角。咖啡馆将所有的精力都投入在"铸造"咖啡的味道、质感、平衡感和香味上。人们开始像欣赏葡萄酒一样来欣赏这种咖啡。然而"第三波咖啡运动"注重的不仅仅是咖啡这种商品，它还关注生产者的待遇，咖啡豆的来源，供应链对世界环境的影响这些更大的课题。"第三波咖啡运动"将其关注和热情投入到咖啡生产的所有环节中，其结果就是，作为消费者的我们，可以享用到一杯近乎完美的咖啡。

在了解"第三波咖啡运动"的咖啡馆之前，我们必须先熟悉一下以下这些与"第三波咖啡运动"有着紧密关联的咖啡名词。

咖啡杯测（Cupping）

通俗地说，就是用一种特殊的冲泡方法来品尝咖啡。杯测的时候把咖啡豆研磨成一种较粗的粉末，按照 8.25 克咖啡粉兑 150 毫升 93 摄氏度热水的比例在杯子中进行冲泡；在杯中注入水，3.5 分钟后，用勺子在杯口表层的咖啡液体上搅拌 3 下，撇去浮沫后，就可以用勺子开始舀咖啡进行品尝了。

微批次（Micro-Lot）

对咖啡豆而言，整个产区可能很大，但是有一小块地生产的豆子特别好，从而被区分出来，另外直接提供给贸易商。该庄园量小到无法达到国家级收购水平，仅能微量贩卖（就整个国家级产区而言），因而用"微批次"来描述。

单品咖啡（Single Origin）

在咖啡冲煮的过程中，只用同一个产区的咖啡豆进行冲煮。

爱乐压（AeroPress）

爱乐压是一种手工烹煮咖啡的简单器具，发明于 2005 年。总的来说，它的结构类似于一个注射器。使用时在其"针筒"内放入研磨好的咖啡和热水，一般在 10~15 秒后压下推杆，咖啡就会透过滤纸流入容器内。通过改变咖啡研磨颗粒的大小和按压速度，用户可以按自己的喜好烹煮出不同的风味。

化学交换咖啡壶（Chemex）

化学交换咖啡壶已经有将近 80 年的历史。其整体造型像是三角烧瓶与漏斗的组合，可最大程度减少手冲制作中的不利因素，充分表现出精品咖啡的极致风味。 其使用的滤纸比一般的款式厚 20%~30%，使得煮出来的咖啡口感更纯净。

虹吸式咖啡壶（Siphon）

这种咖啡壶发明于 19 世纪 40 年代。位于底部水仓里的水被加热之后形成大量水蒸气，在压力的驱使下，水会沿导管进入位于其顶部的粉仓当中。当热源熄灭或撤离，底部水仓中空气的温度逐渐降低，压力下降，冲泡好的咖啡便从顶层的豆仓回流。

V60

用于手冲咖啡的一种 V60 滤杯。其名字来自于它 60 度的锥形角度，这延长了水流穿过咖啡粉流向中心的时间，从而使咖啡的味道更浓郁。

冷萃取咖啡（Cold Brew Coffee）

原译为冰酿咖啡或冷酿咖啡，属于水冲式咖啡的一种。使用常温水而非热水来浸泡咖啡粉末，经过 12~24 个小时的浸泡获得原液，再利用特殊滤纸或过滤器滤出原液。

法压壶（French Press）

约 1850 年发源于法国的一种由耐热玻璃瓶身（或者是透明塑料）和带压杆的金属滤网组成的简单冲泡器具。其原理为用浸泡的方式使水与咖啡粉完全接触后进行闷煮，让咖啡的精华释放出来。

手冲咖啡（Pour-Over）

用滴滤咖啡的方法冲泡咖啡的同时，强调热水以缓慢、匀速的方式通过滤纸浇淋到咖啡粉上。

滴滤咖啡（Drip Coffee）

将新鲜、烘焙好的咖啡豆进行研磨后，用 90~95 摄氏度的热水对其进行匀速冲滤。热水在重力的作用下，在渗过咖啡粉时萃取了其精华和油脂，最终咖啡液从滤袋中渗出。

非洲
AFRICA

埃塞俄比亚烘烤咖啡豆的传统方法

托・莫・卡咖啡馆
（亚的斯亚贝巴，埃塞俄比亚）

TO . MO . CA COFFEE
(ADDIS ABABA,ETHIOPIA)

馆主推荐

玛琪雅朵咖啡
Macchiato

TO . MO . CA Coffee
Ravel Street
Addis Ababa
Ethiopia

www.tomocacoffee.com

埃塞俄比亚被公认为是生产咖啡的始祖，所以当它也成为一个热衷咖啡消费的国家时，这样的"轮回"才完美。在埃塞俄比亚共有超过 5 000 个咖啡品种（巴西和哥伦比亚都分别只有 20 余种），因此，也不难想象埃塞俄比亚人的咖啡品味比起别的国家要更独特些。虽然那种祖传的冗长的咖啡仪式现在还相当流行，但这种喝咖啡的方式在如今经济飞速发展的埃塞俄比亚始终显得不合时宜。年纪轻和受过良好教育的年轻人的生活十分繁忙，因此他们只能选择更快速的咖啡消费方式，譬如，去提供快速咖啡的咖啡馆或者购买已经烘焙好的咖啡豆回家自己冲煮。

　　托·莫·卡咖啡馆成立于 1953 年，是埃塞俄比亚的首都亚的斯亚贝巴的第一家咖啡馆。托·莫·卡咖啡馆如今仍然走在咖啡生产的前沿，也是埃塞俄比亚最受欢迎的咖啡公司。托·莫·卡咖啡馆的创立者其实是意大利人。然而它在成立后不久就被埃塞俄比亚人买了下来，据说这个购买者是咖啡馆的第一位服务生。如今，这家咖啡馆已经被传至其家族的第三代。咖啡馆的名称就是其意大利名字"Torrefazione Modern Café"的缩写，意为"现代咖啡烘焙者"。每一天，托·莫·卡咖啡馆的烘焙专家都会仔细地检查和测试咖啡豆，并把咖啡豆的状况详细记录下来，无论是咖啡豆的香气、酸苦度，还是其饱满程度都被一一记录在案，以保证每天咖啡馆里售出的咖啡以及出口全球的咖啡豆都保持最佳的搭配和状态。

都的广场区，
家分店。其第
日本东京，午
馆的装潢是复
里没有座位，
的人们倚靠着
的氛围友好、
顾客踏入咖啡
到浓郁的咖啡
馆最好的宣传

时钟咖啡馆
（菲斯，摩洛哥）

CAFÉ CLOCK (FES, MOROCCO)

馆主推荐

骆驼汉堡
Clock Camel Burger

杏仁奶昔
Almond Milkshake

Café Clock
7 Derb el Magana
Fes
Morocco

http://fez.cafeclock.com

　　位于摩洛哥菲斯的时钟咖啡馆，自 2007 年建成时就成了纷乱的、历史悠久的老城区中的一方"绿洲"。光顾它的既有旅客和外派人员，也不乏当地人。咖啡馆开在一栋已有 250 年历史的老房子里，其官网称这家咖啡馆为"让人向往的驿站"。

　　咖啡馆隐藏在纷纷扰扰的老城区里，并不好找。然而，从你踏入咖啡馆的那刻起，穿过仿佛无穷无尽的房间和门廊，最终定能找到一个称心满意的地方坐下来休息。咖啡馆一共分为 3 层，包括一个图书馆、一方庭院、一座红房子、一个酒吧，以及屋顶的露台。每个厅房都颜色丰富，充满活力。时钟咖啡馆还是当地的一个文化中心，人们除了到那里喝咖啡，还可以到那里学习、创作、启发别人，同时也能受到启发。咖啡馆举办过各种各样的文化课程，包括烹饪课程、书法课程、"电影之夜"以及乐器大师课等。咖啡馆的墙上挂满了本土艺术家的画作。咖啡馆同时也是本地文化的活跃传播者，那些法西族的服务员会给你介绍当地的服装、语言和文化。

　　咖啡馆的创始人其实是一位名叫麦克·理查森（Mike Richardson）的英国人，他曾经是伦敦常青藤餐厅和沃尔斯利餐厅的侍应领班。从时钟咖啡馆的国际化菜单就可以看出，咖啡馆的宗旨在于文化的融合。菜单上最受欢迎的是骆驼肉汉堡，据说馆主花了很长时间才找到骆驼这种可以被用来做出"完美汉堡"的食材。时钟咖啡馆的第二家分店于 2014 年在马拉喀什开张。

父亲咖啡馆
（约翰内斯堡，南非）

FATHER COFFEE
(JOHANNESBURG, SOUTH AFRICA)

父亲咖啡馆创建于 2013 年，其创建人是尼克和安吉 2 位设计师。2 人开店时的最初想法是卖金酒，而非咖啡。后来他们发现进入南非的酒类行业非常困难，于是改变了想法。这时他们的好朋友巴利和查德也加入了他们的团队。巴利是创业"小能手"，他的专长是管理初创企业；而查德则被称为"世界上最强的咖啡达人"，给团队带来了最专业的咖啡知识。这样强大的团队无疑为父亲咖啡馆后来成为成功的咖啡连锁店奠定了强大的基础。

4 个创业小伙伴用了数周时间，在几百个名字里最终选择了"父亲咖啡馆"这个名字。其意义在于，父亲在一个家庭里是具有权威的指引和教导的角色，且绝无私心。这就是父亲咖啡馆希望其自身能在社会上扮演的角色。

咖啡馆的装潢是北欧风格。北欧人不仅被公认是世界上最快乐的人群，也是最钟爱咖啡的人群之一。除了简洁的北欧风格，查德在室内的布置上也是费尽了心思。从咖啡桌的大小、形状（大小要可以让顾客觉得足够宽敞，但放不下 2 台手提电脑），到座位的舒适度（在顾客享受一杯咖啡的时候会觉得舒服，但如果有人要用手提电脑工作一天，那座位的舒适度是不够的）。对咖啡知识和产品的展览也是张弛有度，既为顾客提供信息，又不会造成其视觉上的疲劳。父亲咖啡馆在室内设计的细节上如此用心，不难想象其精心调配的咖啡是如何的"惊艳"。他们采用的咖啡豆来自非洲和中美洲，并在咖啡的味道上不断地创新，力求给顾客带来新的咖啡体验。

在约翰内斯堡的门店开张 3 年之际，父亲咖啡馆的第二家门店在罗斯班克开张。

馆主推荐

斯科塔多（一种混合了咖啡、奶蛋糊和功能饮料的饮品，想变得超级兴奋的话不妨一试）
Skhotado (if you dare)

Father Coffee (café)
73 Juta Street
Braamfontein
Johannesburg
South Africa

Father Coffee (roastery & café)
The Zone
117 Oxford Road
Rosebank
Johannesburg
South Africa

www.fathercoffee.co.za

南美洲

SOUTH AMERICA

咖啡种植园的日落

咖啡实验室
（布宜诺斯艾利斯，阿根廷）

LAB. TOSTADORES DE CAFÉ (BUENOS AIRES, ARGENTINA)

馆主推荐

可让咖啡师向你推荐咖啡，但别
忘了还有巧克力曲奇饼！

LAB. Tostadores de Café
Humboldt 1542
Palermo
Buenos Aires
Argentina

www.labcafe.com.ar

咖啡实验室的创始人亚历克西·扎格坦斯基（Alexis Zagdañski）的背景是酒店和餐馆管理。他和咖啡的故事始于 2009 年的巴西，但他却是在阿根廷学会的研磨咖啡，并且学会了区分不同咖啡豆的味道和特点。后来在布宜诺斯艾利斯，他遇到了志同道合的巴西人丹尼洛·罗蒂（Danilo Lodi）。罗蒂在 2011 年成为了巴西首位世界咖啡师大赛的裁判。

扎格坦斯基在 2011 年创建了咖啡实验室烘焙工坊，向布宜诺斯艾利斯的咖啡馆、酒店和餐馆提供咖啡豆。他们不像别的烘焙工坊只提供一种配方的咖啡，咖啡实验室通过深入了解自己客户的喜好和不停的实验创新，向不同的顾客提供相应口味的咖啡（也许是单种咖啡，也许是多种咖啡的配方）。2 年后，扎格坦斯基决定将烘焙工坊转型为咖啡馆，向顾客提供直接冲煮好的咖啡，而罗蒂正是在此时加入了咖啡实验室。

咖啡实验室的客户群是和馆主一样的"咖啡发烧友"。咖啡实验室拒绝出售"美国咖啡"，他们专注于寻找高质量的咖啡豆，完美的烘焙方法，以及将咖啡完美地呈现在顾客面前的方式。在这个过程中，他们也将精品咖啡的深度和精致度分享给顾客。他们的商业理念是要保持住，并让这个相对较小的咖啡市场持续增长，就必须做到向顾客提供的每一杯咖啡的质量都无懈可击。

咖啡实验室一共有 2 层，整体给人一种工业和现代的干净利落感。精挑细选的音乐营造了一种轻松的氛围。咖啡馆出品的巧克力曲奇饼大受欢迎。如果顾客希望品尝精品中的精品的话，咖啡馆可提供数种手冲方式：化学交换 (Chemex)、V60、爱乐压 (Aero Press)、平底壶 (Kalita)、虹吸 (Siphon) 和"浸泡—流放"壶 (Clever)。这些高要求的顾客只需选择他们喜爱的口味，驾轻就熟的咖啡师们就可以为他们挑选合适的咖啡豆，配上最佳的冲煮方法，最后为他们呈上一杯如同艺术品般的咖啡。

除了通过为顾客冲煮咖啡来传播咖啡知识，咖啡实验室同时还举办时长为 4 小时的咖啡课程，为到来的学生介绍咖啡的理论、制作的知识，以及品尝的洞见。如今咖啡实验室已经有了 2 家门店，同样都为阿根廷首都的人们提供品质超凡的精品咖啡。

秘密咖啡馆
（里约热内卢，巴西）

CAFÉ SECRETO (RIO DE JANEIRO, BRAZIL)

馆主推荐

意式特浓咖啡加椰子水
Tropicálita (espresso with coconut water)

Café Secreto
Vila do Largo, Casa 8
Rua Gago Coutinho, 6
Rio de Janeiro
Brazil

www.facebook.com/cafesecretorj/

学习电影的加布里埃拉·里贝罗（Gabriela Ribeiro）在圣保罗的桑托斯长大。巴西出产的咖啡是从桑托斯的港口运送至世界各地的。可以说咖啡"流淌"在加布里埃拉的血液里。她在法国生活了一段时间，并且在那里数家餐馆中的咖啡馆都工作过。随后，她回到了巴西，开始从事咖啡行业。

里贝罗在创建自己的咖啡馆之前，在圣保罗的世界顶尖的咖啡师学校学习，为自己储备专业知识以及信心。虽然巴西每年的咖啡生产量占全世界的 40%，然而该国对精品咖啡文化却并不热衷。当里贝罗的秘密咖啡馆成立之时，恰好成了这种文化的先锋代表。

秘密咖啡馆位于繁华的马卡多（Machado）区的一条安静的小巷里。也许是馆主有在法国的生活经历，因而当你找到这家咖啡馆时，竟有一种身处欧洲的错觉。秘密咖啡馆的店面极小，一不小心就会错过。咖啡吧台和数张高凳已经是店里的全部。桌子是鲜红色的，配上黄色的椅子，中间穿插着绿色的植物，一切都那么和谐、放松、简单而真实。然而，在那里，顾客们却能感受到一种智慧和创造力。

咖啡行业里一共有 4 个环节：生产者、烘焙者、咖啡师和顾客。里贝罗创建咖啡馆时的理念就是使这 4 个环节更加靠

近。里贝罗咖啡馆的日常咖啡供应商是圣保罗的环境堡垒农场（Fazenda Ambiental Fortaleza），这个农场从 1850 年起就开始种植咖啡豆。这个家庭经营的有机农场直接将他们种植并且烘焙好的咖啡豆送至秘密咖啡馆，这个过程显然更有效率。除了日常的咖啡，秘密咖啡馆里还有"客串"的咖啡豆品种。这些来自别处的咖啡豆给顾客以新鲜感，也扩大了他们的咖啡知识面。除了人们熟悉的拿铁和卡布奇诺，秘密咖啡馆也为顾客提供各种手冲咖啡。

如今除了里贝罗，咖啡馆里的咖啡师还包括里贝罗的老师——里纳多·古蒂埃里斯（Renato Gutierres）。在他们的努力下，精品咖啡文化在巴西渐渐流行起来，越来越多的人对咖啡的冲煮技术以及其背后的科学原理感兴趣。里贝罗和古蒂埃里斯还举办了许多讲座来分享精品咖啡的概念。他们深信，只有越来越多的人了解了这种咖啡文化，他们的咖啡事业才能真正地繁荣起来。

库尔特咖啡馆
（波哥大，哥伦比亚）

CAFÉ CULTOR (BOGOTÁ, COLOMBIA)

馆主推荐

告诉咖啡师你的喜好，
让他给你惊喜！

Café Cultor
Calle 69,No. 6-20
Bogotá
Colombia

www.cafecultor.co

　　库尔特咖啡馆是哥伦比亚精品咖啡豆的出口商因可涅萨斯的下属门店，他们的商业目标和理念是对社会的感知性以及行业的可持续性发展。

　　哥伦比亚是世界上咖啡的第三大生产国。因可涅萨斯意识到哥伦比亚所产的上好咖啡几乎全部出口到了国外，而国人几乎完全品尝不到自己国家的咖啡。为了解决这个问题，因可涅萨斯决定创建自己的咖啡馆，让本地人喝到本地的好咖啡，并且推广更多样化的冲煮咖啡的方法。

　　为了忠于出口商的身份，库尔特咖啡馆的第一家门店开在了如今最具潮流的 G 区一个经过改良的集装箱里。店面是绿色的，店里放满了各种各样绿色的植物，以强调可持续发展的重要性。库尔特咖啡馆的菜单并不复杂，通常只有 6~10 种哥伦比亚咖啡豆供选择。这些咖啡豆通常来自本地种植咖啡豆的农民，他们中的很多人都在高危以及战火频发的地区劳作，因此他们的咖啡豆来之不易。因可涅萨斯与这些咖啡豆农建立了彼此之间相互信任的关系。因而咖啡豆的价格得以保障，咖啡豆农还可经常接受应有的培训。

　　库尔特咖啡馆还经常为波哥大的居民提供讲座，向他们介绍咖啡贸易、冲煮精品咖啡所需的技能和知识。从生产者到消费者，他们为整个咖啡行业承担起一个企业应有的社会责任，整个咖啡行业也因此变得更加健康和繁荣。

澳大利亚

AUSTRALIA

帕特里夏咖啡馆
（墨尔本，澳大利亚）

PATRICIA COFFEE BREWERS
(MELBOURNE, AUSTRALIA)

馆主推荐

滤咖啡
Filter coffee

Patricia Coffee Brewers
Cnr Little Bourke & Little William St.
Melbourne
Victoria, 3000
Australia

www.patriciacoffee.com.au

　　位于小伯克街和小威廉街转角处的帕特里夏咖啡馆成立于 2011 年，如今是墨尔本最"红"的咖啡馆之一，其发源地却是一个小小的律师办公室。咖啡馆的创立人博文·霍尔顿（Bowen Holden）从 14 岁开始在咖啡行业里"摸爬滚打"。在成立他自己的咖啡馆之前，霍尔顿曾在多家精品咖啡馆中工作。

　　霍尔顿从一个打工者，到咖啡行业的行家，再到创业者的这一经历深受人称"墨尔本咖啡教父"的马克·丹顿（Mark Dundon）的影响。丹顿是 4 家咖啡馆的馆主，他被公认为是咖啡行业里的首领、导师。如果你想学习咖啡知识，再也没有比丹顿那里更好的"取经"之处了。

　　也许人们很难找到一个比这家位于街角的咖啡馆更隐蔽的所在，由于店面太小，每日附近众多光顾这家店的白领不得不聚集在街外，显然这就是咖啡馆最好的招牌。当你踏进咖啡馆，就会看到地面上用马赛克拼成的"只有站位"(Standing Room Only)。店里没有设置座位，只有咖啡吧以及窗台供顾客倚靠。然而这种"无座位政策"不仅仅是因为店面狭小的原因。帕特里夏咖啡馆的馆主深信近距离地站着更有利于人们交谈，而真实的、人与人之间进行面对面的对话是帕特里夏咖啡馆最鼓励发生的。这种温暖的经营理念使得这个小小的所在变得无比包容。

　　其实墨尔本的精品咖啡馆并不少，帕特里夏咖啡馆之所以可以脱颖而出，是因为其对每一个细节的追求。从为顾客冲煮咖啡的速度和效率到吧台上打开展示的报纸（这样顾客就可以站着，手拿咖啡，以最快的速度浏览当天的要闻），霍尔顿都考虑到了。装咖啡的杯子是手工制成的，杯盖的底部还有一个荧光色的阳光标志，一不小心就会被忽略掉。

　　当然，咖啡馆的名声还是要建立在咖啡的质量上。店里可供选择的咖啡只有 3 种：黑咖啡、加奶咖啡和过滤咖啡。虽然选择的种类不多，但帕特里夏咖啡馆却被评为 2016 年"咖啡馆 100 强"之一。光顾过帕特里夏咖啡馆的人都能明白其中的缘由。

大黄蜂咖啡烘焙坊
（珀斯，澳大利亚）

HUMBLEBEE COFFEE ROASTERS (PERTH, AUSTRALIA)

馆主推荐

滤咖啡
Filter Brew

Humblebee Coffee (Mt Hawthorn)
77 Coogee Street
Mount Hawthorn 6016
Perth, Western Australia
Australia

Humblebee Coffee (Rivervale)
Shop 1/25 Rowe Ave
River vale 6103
Perth, Western Australia
Australia

https://humblebee.coffee

　　"大黄蜂"其实是一家咖啡烘焙坊，但店里设有咖啡吧，可让顾客品尝店里出品的咖啡的味道。扎克·胡恩（Zach Huynh）在 2012 年成立了"大黄蜂"，但他在成立"大黄蜂"之前，早在 2007 年时已经创立了弹簧意式特浓咖啡馆（Spring Espresso）。这家咖啡馆后来被胡恩出售，至今仍然活跃于珀斯的咖啡市场。这一经历给了胡恩在咖啡产业链中的"第三环节"，也就是咖啡馆直接面向顾客的经验；这一经历也让他明白了咖啡烘焙的重要性，这才有了大黄蜂咖啡烘焙坊的创立。

　　"Humblebee"是达尔文给大黄蜂起的英文名，第一次世界大战后，"humblebee"才改为现在我们熟悉的"bumblebee"。为什么要用"大黄蜂"来给咖啡馆命名呢？因为大黄蜂作为花粉的传播者，在生态系统里起了至关重要的作用。咖啡树之所以能够开花结果，当然也是大黄蜂们辛苦劳作的结果。咖啡馆的名字正是向这种看似不起眼的昆虫致意！

大黄蜂咖啡馆只从世界上最出色的咖啡种植地区购买时令咖啡豆。他们为顾客提供多种单种豆制成的意式特浓和过滤咖啡，以及以他们的地址"库吉路"命名的、用来自多种地区的咖啡豆调配而成的招牌咖啡。他们的咖啡豆都是在顾客下单后才开始烘焙的，不像大部分烘焙坊出售的都是已烘焙、包装好的咖啡豆。

　　在大黄蜂咖啡烘焙坊开张一年之际，胡恩在烘焙坊里加设了一个咖啡吧。这个咖啡吧与烘焙咖啡的机器仅一面玻璃墙之隔。咖啡吧的菜单里没有"不含咖啡因""脱脂"和"豆奶"这些选项，借以告诉到来的顾客，到这里来，就是为了享用一杯最纯正的咖啡，绝无代替品。虽然这个咖啡吧非常小，菜单的选择有限，但这个狭小的空间里却充满着咖啡的香气和能量。如果你爱咖啡，那么你一定会喜爱大黄蜂咖啡烘焙坊。

BLACK ESPRESSO 3 LONG BLACK 3.50 FILTER BREW -HOT 5 -ICED 6 SHAKERATO 6 ESPRESSO-TONIC 6 BATCH BREW 3.50

WHITE 3 OZ 3.50 5 OZ 3.70 AFFOGATO 6 EXTRA SHOT .50 PASTRY 3.50 DONUT 2.50

NO DECAF, CHOCOLATE, SKINNY OR SOY

FACEBOOK.COM / INSTAGRAM / HUMBLEBEECOFFEE TWITTER /

变革咖啡因实验室
（悉尼，澳大利亚）

THE REFORMATORY CAFFEINE LAB (SYDNEY, AUSTRALIA)

馆主推荐

小丑招牌咖啡
The Joker house blend

The Reformatory Caffeine Lab
7b/17-51 Foveaux St.
Surry Hills
NSW 2010
Australia

https://thereformatorylab.coffee
Shop 1/25 Rowe Ave
River vale 6103
Perth, Western Australia
Australia

https://humblebee.coffee

西蒙·加拉米罗（Simon Jaramillo）是一位"咖啡大神"。他出生在哥伦比亚，家族中的四代都是咖啡豆的种植者。他的准确出生地是家里的咖啡农场，因此说他与生俱来就有咖啡的血统是毫不夸张的。在耳濡目染下，加拉米罗从小就对咖啡有很强的辨别能力，长大后对咖啡行业的生产链也有深刻的了解。住在悉尼的他，如今拥有咖啡烘焙坊、咖啡批发公司和咖啡馆。然而他一直认为是种植咖啡豆的经验让他有别于其他咖啡烘焙者，因为他对"咖啡从哪里来"这个问题能提供比别人更详尽的答案。

变革咖啡因实验室创建于 2013 年，然而在咖啡馆开张的 3 年前，加拉米罗就已经开始构思咖啡馆的形式。他不想开一家千篇一律的精品咖啡馆，而是希望可以开一家独一无二、与众不同的咖啡馆。因此，要实现他的愿景，咖啡馆的馆址变得可遇而不可求。最终他在一个破旧的工业车间内找到了心中的那个可以成全他的梦想的所在。一种废弃、

工业化的氛围在他的咖啡馆里被保留了下来，车间的木门、水泥的地面以及裸露的灯泡都为顾客在喝咖啡时营造了一种颓废但又兴致盎然的氛围。

伴随加拉米罗长大的除了咖啡，还有漫画。因此，加拉米罗决心要在他的咖啡馆内表现出漫画的主题。在墨尔本长大的蒙古人，也是街头艺人的西斯科（Heesco）在变革咖啡因实验室的黑墙上用粉笔画满了漫画主题的画，这样的黑白对比给人一种很强的视觉冲击。甚至咖啡馆的招牌咖啡也是漫画主题的，譬如有一种咖啡就叫"小丑"（蝙蝠侠里面那位）。

咖啡馆的菜单每个星期都不一样，在这里，你能找到除了土耳其咖啡以外的任何一种咖啡。加拉米罗聘请的咖啡师都是咖啡达人，并以传播咖啡的知识为己任。加拉米罗对他批发的咖啡豆的品质也会进行严格的审核，以保证他选择的咖啡豆能够最终以最合适的方式转化成一杯咖啡，让顾客享用。

东南亚
SOUTHEAST ASIA

哈卡咖啡馆
（河内，越南）

Haka Coffee (Hanoi, Vietnam)

馆主推荐

鸡蛋咖啡
Cà Phê Trúng (egg coffee)

Haka Coffee
39 Hàng Dầu
10000 Hanoi
Vietnam

www.facebook.com/hakacoffee/

越南是世界上第二大咖啡生产国，仅次于巴西。越南的咖啡文化源远流长，咖啡馆随处可见。从法国殖民时期引入的传统滴漏咖啡，口感香醇，在当时的法国餐厅风靡一时，而且在法国电影中或越南当地仍常见到。然而，当"第三波咖啡运动"开始席卷越南的时候，人们品尝咖啡的口味也开始发生了改变。人们将那种对必须加入炼奶的传统越南咖啡的喜爱渐渐地转移到更真实、更天然的咖啡品味上。

哈卡咖啡馆就是这"第三波咖啡运动"在越南的倡导者。哈卡咖啡馆成立的宗旨就在于重新定义饮用越南咖啡的体验。由于越南盛产罗布斯塔咖啡，传统的越南咖啡就是由这种口感较苦，但价格便宜的咖啡豆冲煮而成的。而哈卡咖啡馆希望改变这种传统，将阿拉比卡咖啡豆引入越南咖啡中。哈卡咖啡馆不只单向地为顾客呈上一杯咖啡，也会参与到咖啡生产链的各个环节中。2016年，在越南南部的高地达拉特（Dalat），哈卡咖啡馆开始与当地的咖啡种植农场合作，种植阿拉比卡咖啡豆。

哈卡咖啡馆的烘焙作坊位于河内的郊区，占地250平方米，每个月可以烘焙30吨咖啡豆。他们除了烘焙自己的咖啡豆，也为越南其他咖啡商烘焙来自越南其他地区的以及来自世界各地的咖啡豆。

哈卡咖啡馆位于河内老城区的还剑湖（Hoàn Kiếm Lake）畔，其砖墙和木桌极其低调，然而热爱咖啡的游客和本地人却纷纷慕名而来，不知不觉间为越南的咖啡文化翻开了新的篇章。

南洋老咖啡馆
（新加坡牛车水）

NANYANG OLD COFFEE (CHINATOWN, SINGAPORE)

馆主推荐

招牌咖啡（咖啡加炼奶）
Kofi (coffee with condensed milk)

烤面包配椰子浆和牛油
Kaya Toast (crispy bread with
coconut jam and butter)

Nanyang Old Coffee
268 South Bridge Road
Chinatown
Singapore

http://nanyangoldcoffee.com

　　走进位于新加坡牛车水的南洋老咖啡馆，就仿佛走进了时光隧道。南洋老咖啡馆本身的概念来自新加坡 20 世纪 40 年代的咖啡传统。在当时的咖啡馆中，每天都会有人在其后院里研磨咖啡。在那里，在烘焙生咖啡豆时会加入奶油和糖，因而创造出了南洋地区特有的带有焦糖味的香浓咖啡。南洋老咖啡馆的创始人林荣男（Lim Eng Lam）创建咖啡馆的初衷就是延续这种制作咖啡的传统。

　　咖啡馆的外墙是红色的，其内部的装潢同样也是以红色为主，稍显"过气"。店里的咖啡就是传统的那种在烘焙时就已经加入糖的咖啡，并且在冲煮的过程中还加入了炼奶，可想而知这样的咖啡有多甜。在咖啡馆里，你还可以吃到传统的新加坡美食。店里还有年代久远的制作咖啡的机器以及传统的咖啡师的制服等有趣又奇特的展品，向顾客介绍新加坡传统咖啡的历史背景。

　　如今南洋老咖啡馆以加盟店的方式运营，在新加坡本土有 9 家分店，在中国有 1 家分店。除此之外，林馆主也向全球出售南洋品牌的速溶咖啡、椰子浆、辣椒酱等具有东南亚风情的食物，借以向更广大的人群推广新加坡的饮食文化和传统。

托库咖啡馆
（雅加达，印度尼西亚）

TOKO KOPI AROMA NUSANTARA (JAKARTA,INDONESIA)

馆主推荐

麝猫单品种咖啡（如果你喜欢
这种味道）
Kopi Luwak single origin (if you
can stomach it)

巴雅达之花咖啡（如果你不喜
欢这种味道）
Flores Bajada (if you can't)

Toko Kopi Aroma Nusantara
Mall Ambasador 4th floor
Jl. Prof. Dr. Satrio
12940 Jakarta
Indonesia

托库咖啡馆成立于 2015 年。它的创立人海利·谢提亚蒂（Heri
Setiadi）在 2000 年就创立了他的第一家咖啡馆——塔扎咖啡馆
(Caffe La Tazza)。"La Tazza"在意大利语里的意思是"一杯"，
表示塔扎咖啡馆出售的是意大利咖啡。数年后，谢提亚蒂决定将精
力集中在本土的咖啡上。印尼是"千岛之国"，出产的咖啡豆种类
繁多。托库咖啡馆成立的初衷就是让更多的人了解印尼咖啡。

托库咖啡馆最大的特色就是——顾客可以品尝到从西边苏门答
腊岛到东边巴布亚岛出产的咖啡。走进咖啡馆，仿佛走进了一场环
游印尼的咖啡之旅，而导游就是店里那些咖啡知识丰富的咖啡师。
店里最出名的咖啡是麝猫咖啡（Kopi Luwak），这种咖啡是印尼出
产的咖啡中最名贵的。人们对这种味道独特的咖啡情有独钟主要有
两个原因：第一，据说麝猫在食物上非常挑剔，只找成熟而且味甜
的咖啡浆果来吃，这就相当于帮人类过滤掉了不合格的浆果；第二，
麝猫肠胃里的一种独特的酶似乎改良了咖啡豆的成分，在一定程度
上中和了咖啡中的酸度，使咖啡的味道更香醇。咖啡豆在被完整保
护的情况下排出麝猫的体外，人们收集了这些咖啡豆后，进行彻底
清洗，经过轻度的烘焙，保持了咖啡豆原有而独特的口味。如今，
人们对喝这种咖啡是否会伤害动物的权益存在争议，也有人说这种
咖啡纯粹是用来鼓励游客消费的噱头。虽然一杯麝猫咖啡在托库咖
啡馆的售价为普通咖啡的 2.5 倍，可还是有很多顾客会选择这种经
过了动物消化道的咖啡豆制成的咖啡。

欧洲

EUROPE

咖啡因咖啡馆
（伦敦，英国）

KAFFEINE (LONDON, ENGLAND)

馆主推荐

长黑咖啡
Long Black

香蕉面包
Banana Bread

Kaffeine
66 Great Litchfield Street
Fitzrovia
London
W1W 7QJ
England

https://kaffeine.co.uk

　　彼得·多尔·史密斯（Peter Dore-Smith）在澳大利亚长大，17 岁时就在餐馆兼职洗盘子。中学毕业后他进入餐饮学院，之后在数家酒店、餐厅和酒吧工作过。他在 2005 年时和妻子定居伦敦，然而却发现在那里竟然找不到一杯"说得过去的咖啡"。就是从那时起，他开始研究精品咖啡。这造就了他的职业生涯，也造就了伦敦接下来的咖啡文化的形成。

当时伦敦的精品咖啡馆少之又少，其中一家名为"馥内白"（Flat White）的咖啡馆引起了彼得的注意。"馥内白"的创始人是来自新西兰的卡梅伦·麦克鲁尔（Cameron McClure）和澳大利亚人彼得·豪尔（Peter Hall）。当时"馥内白"这种咖啡在澳大利亚以外的地区并不为人所知。馥内白咖啡馆的成功让彼得意识到为顾客提供精品咖啡的独立咖啡馆在伦敦的巨大市场。

在彼得成立咖啡馆之前，他白天在餐馆工作，晚上到当时刚成立的位于伦敦东部的平方英里咖啡烘焙坊（Square Mile Coffee Roasters）学习咖啡知识，也与烘焙坊的创始人詹姆斯·霍夫曼（James Hoffman）和安奈特·莫尔德维尔（Anette Moldvaer）熟识起来。而这两位分别是世界咖啡师冠军赛的冠军以及咖啡品尝世界杯的得主。当彼得把他的商业计划给霍夫曼过目之后，霍夫曼便同意成为彼得的咖啡馆的咖啡供应商。

咖啡因咖啡馆于 2009 年在伦敦的里奇菲尔德大街开张，并取得了巨大的成功。它于 2010 年在欧洲的咖啡大会上被评为"最佳独立咖啡馆"。与其他"第三波咖啡馆"不同，咖啡因咖啡馆并没有提供种类繁多的咖啡冲煮方式，他们提供的仍然是传统的意式特浓咖啡，同时还有茶和轻食。人们也许好奇，为什么这样貌似传统的咖啡馆，可以在精品咖啡上得到人们的认可？

其原因也许来自彼得在餐饮以及酒店业丰富的经验。他意识到，越来越多的精品咖啡馆出现在伦敦街头，顾客们对精品咖啡的选择已经越来越多。如何让顾客成为回头客？咖啡因咖啡馆的策略就是，不仅是重视咖啡的品质，还要重视顾客在咖啡馆里的整体体验。从食物、服务、装潢，当然还有咖啡方面全方位地为顾客考虑。渐渐地，咖啡因咖啡馆成为了一台运作良好的、提供高品质饮食体验的"机器"。彼得用自己在饮食行业的背景不遗余力地为顾客一杯一杯地完善咖啡，一步一步地让他提供的食物更可口，一天一天地提高咖啡馆顾客的体验。

咖啡因咖啡馆在 2015 年有了第二家门店。彼得在咖啡馆行业中将有更多计划得以实现，让我们拭目以待。

通奎斯特咖啡馆
（汉堡，德国）

TÖRNQVIST (HAMBURG, GERMANY)

馆主推荐

手冲咖啡
Handbrew

新鲜出炉的面包配自制黄油
Homemade bread with hand-whipped butter

Törnqvist
Pferdemarkt 12
Hamburg
Germany

https://tornqvistcoffee.com

位于汉堡的通奎斯特咖啡馆和伦敦的咖啡因咖啡馆在很多方面都不尽相同。然而两位店主对咖啡馆中各种细节的认真程度，对咖啡馆里提供的食物的质量以及对自己创立的咖啡馆的热情却是一样的。

里纳斯·科斯特（Linus Köster）在2017年成立通奎斯特咖啡馆的时候才29岁。他自小就对咖啡具有浓厚的兴趣，并经常使用他父亲的意式特浓咖啡机。后来，他在一个跳蚤市场用10欧元购买了第一台咖啡机，并用它自学了拿铁拉花的艺术。当他在荷兰留学的时候，他的朋友都知道，只要去他家，就能品尝到城里最出色的咖啡。科斯特在荷兰学习的是商业管理，毕业后自然地开始了一份朝九晚五的工作，然而这样的日子却不能满足科斯特对生活的憧憬和好奇心。他的芬兰籍祖母玛丽安·通奎斯特（Marianne Tørnqvist）的离世让他下定决心辞掉了工作，追寻自己一直以来热爱的咖啡。受澳大利亚咖啡文化的影响，尤其是受"馥内白"这种咖啡的启发，他意识到德国的咖啡是多么的"无趣"，这给了他一种深深的使命感。

接下来的3年是艰辛的。他用货车在市场、音乐节现场和大学停车场都卖过咖啡，并通过每一杯咖啡来传播精品咖啡的理念。当越来越多的人喜爱他的咖啡时，他决定在自己的老家汉堡创建第一家咖啡馆。

通奎斯特咖啡馆的商业理念是"透明化"。从咖啡的来源到饮品的味道，以至于室内的装潢都遵从了这个想法。科斯特只从肯尼亚和埃塞俄比亚购买咖啡豆，并且亲自和咖农打交道，然后在位于北欧的烘焙坊烘焙咖啡。因此，科斯特和他团队里的咖啡师可以准确地告诉顾客店里的咖啡豆是从哪里来的，是哪位咖农出产的，其味道的特征，等等。咖啡馆的菜单上只有3种咖啡："馥内白"、普通手冲以及特浓咖啡（shot）。这种"化繁为简"来源于科斯特对咖啡原材料的了解。他对每一种咖啡的最好的表达方式都了如指掌，除此之外，任何调料和附加物都是多余的。他的咖啡里也从不加糖，当然，顾客可以按自己的口味调节。

科斯特这个"咖啡神人"经常向他的顾客解释说，"黑咖啡"这个说法是不准确的，因为不加奶的咖啡应该是红色的（咖啡豆本身就是深红色的），而大家熟悉的黑色的咖啡豆其实是过度烘焙的结果，而许多大型的咖啡连锁店就是这种黑咖啡的"始作俑者"。真正的好咖啡，在他看来，是迷人的红色的，其咖啡豆是被恰到好处地烘焙过的，而咖啡的本色和原味在这个时候才能真正地"流露"出来。

就像咖啡馆的名字一样，咖啡馆的室内装潢也是简约的北欧风格，黑色、白色和灰色是咖啡馆里的主色调。咖啡馆里的"中心地带"是用瑞典的石头制成的咖啡吧台，顾客在那里可以全方位地观看咖啡师制作咖啡，咖啡师可随时随地回答顾客的任何疑问，和顾客交谈，从而也呼应了"透明"这个理念。

咖啡会被装在手工制成的咖啡杯里，放在一个黑色的托盘上，呈现在顾客面前。托盘上还有一张卡片，上面注明了制作这杯咖啡的咖啡豆的种类、咖啡豆是什么时候收成的以及咖啡豆的烘焙者的资料。品尝咖啡的同时，顾客还可以在咖啡馆里品尝到他们手工制作的面包和糕点，配上他们自制的黄油，也许这就是最让人难以忘怀的味觉体验。

托马咖啡馆
（马德里，西班牙）

TOMA CAFÉ (MADRID, SPAIN)

　　和前两家咖啡馆的故事开头相同，托马咖啡馆的出现也源于其创立人因为不能在其所在的城市里找到一杯地道的咖啡而苦恼。2010 年，居住在马德里的阿根廷人圣地亚哥•里高尼（Santiago Rigoni）以及其搭档西班牙人帕特里夏•阿尔达（Patricia Alda）去了一趟纽约。这趟纽约之旅使他们深深感受到了"第三波咖啡运动"的魅力。于是回到马德里后，他们便辞去了原来的工作，开始筹建咖啡馆。这家咖啡馆后来被认为是整个西班牙首都的第一家精品咖啡馆。

　　原来他们只通过一个小小的外卖咖啡吧台（"Toma"，在西班牙语里为"带走"之意）卖咖啡。接下来的几年里，他们咖啡馆的顾客人数日益上升，咖啡馆的面积也随之扩大，终于成了一家人们可以名正言顺地坐下来享用咖啡的咖啡馆。

　　托马咖啡馆更注重咖啡的季节性，因此他们会在全球各地购买咖啡豆。他们在咖啡馆里自己烘焙咖啡豆，并向顾客提供多种冲煮方式，从大家熟悉的意大利特浓咖啡到"化学交换"咖啡都能在店里找到。

　　第一家托马咖啡馆大获成功。2015 年，他们"乘胜追击"，创立了自己的烘焙中心以及培训中心，并为马德里的精品咖啡馆和高档餐厅提供咖啡。2017 年，他们的第二家咖啡馆开张，店面比第一家咖啡馆要宽敞很多。咖啡馆的地下室里还经常举行冲煮咖啡和品尝咖啡的课程。在里高尼和阿尔达的努力下，精品咖啡终于在马德里打开了市场。而马德里，以至于西班牙终于出现在了国际咖啡版图上。

滴流咖啡者
（伊斯坦布尔，土耳其）

DRIP COFFEEIST (ISTANBUL, TURKEY)

馆主推荐

冷萃咖啡
Cold Brew Coffee

Drip Coffeeist
Asmali Mescit Mahallesi
General Yazgan Sk. 9/A
34430 Beyoğlu/İstanbul
Turkey

www.facebook.com/dripcoffeeist/

　　伊斯坦布尔是世界上唯一横跨两个大洲的大都市，被博斯普鲁斯海峡分成了东部的亚洲区和西部的欧洲区。其主要的商业中心和历史文化中心都位于欧洲区，大约 1/3 的人口居住在亚洲区。我们接下来要介绍的咖啡馆位于欧洲区。

　　土耳其有着历史悠久的咖啡文化，土耳其咖啡还被列为联合国教科文组织的世界非物质文化遗产。其根深蒂固的土耳其咖啡文化也解释了为什么土耳其在接受精品咖啡上比别的欧洲城市来得迟。然而，伊斯坦布尔的经济增长在世界上名列前茅；其人口自1950 年来增长了 10 倍，并且成为了世界第五大旅游城市。因此，"第三波咖啡运动"在伊斯坦布尔流行起来几乎是不可避免的。

　　滴流咖啡者成立于 2013 年，是最早在伊斯坦布尔推出精品咖啡的咖啡馆之一。其第一家店面就位于长达 14 千米的巴格达大道旁。2015 年，在顾客的强烈要求下，第二家滴流咖啡者开张了。

　　其实从咖啡馆的名字就可以看出这是一家"第三波咖啡运动"的咖啡馆。当然，咖啡馆除了采用滴流的方式，还为顾客提供多种冲煮咖啡的方法。除了用"化学交换法"和爱乐压制作的咖啡外，滴流咖啡者还提供用比利时虹吸法冲煮的咖啡。另外，在这里，咖啡爱好者还可以享用两种冷萃咖啡——普通版（需 14 小时完成）和氮气冷萃取咖啡：在咖啡里注入氮气，其气泡会形成一种特有的丝绸般的、绵密的质感。

　　店里的咖啡豆来自非洲、亚洲以及拉丁美洲，仅限 100% 的阿拉比卡豆。他们在自己的店里烘焙买来的咖啡豆，在客人下单时，才将烘焙好的咖啡豆研磨成咖啡粉，以保证咖啡的香味 100% 地留在了杯中。咖啡馆的菜单每个星期都在变，以向顾客提供多种选择，给顾客提供更多尝试不同咖啡以及不同冲煮方法的机会。滴流咖啡者还举办了咖啡课程，向更多的人普及"第三波咖啡运动"的广义和深度，也借此希望这种新的咖啡文化可以在这个古老的国度聚集更大的能量，带来更大的影响。

电影世界里的咖啡馆

CoffeeHouses on screen

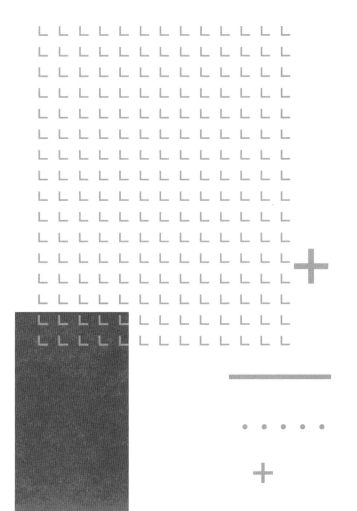

中央跳跃咖啡馆里的《老友记》
（纽约，美国）
CENTRAL PERK, FRIENDS (NEW YORK CITY, USA)

  但凡看过《老友记》（又译为《六人行》）的人一定都对剧中的咖啡馆有印象。《老友记》一共播出了 10 季，是许多人共同的青春记忆。剧中的 6 个好友在这个名为"中央跳跃"的咖啡馆里共同经历了恋爱、结婚、失恋、事业上的成功与危机等人生的重要时刻，这个虚构的咖啡馆仿佛也成为了人们记忆中的一个真实的场景。

  每次在《老友记》的片头曲响起之时，那个几乎富有传奇色彩的橘红色沙发就会出现。几乎有无数的场景都发生在那橘红色的沙发上，而那个沙发正如中央跳跃咖啡馆那般温柔又温暖人心。常看此剧的人会发现，每次主角们走进咖啡馆，那张橘红色的大沙发都是空着的，等着他们入座。然而在第三季的第一集，剧组跟观众们开了个玩笑：当主角

们走进咖啡馆的时候，发现橘红色沙发被人占据了。在久久的对视和沉默后，钱德勒 (Chandler)
说了一句"哼"。然后主角们转身而去。此时坐在那橘红色沙发上得意洋洋的人实际上是《老
友记》的 3 名制片人。

除了橘红色沙发，咖啡馆里的那位名叫甘特（Gunther）的经理也经常出现在咖啡馆里。
甘特先生那白色的头发和他经常戴着的夸张的领带相映成趣。他是瑞秋 (Rachel) 的仰慕者。
虽然甘特不是主角，但他在全剧的 236 集里一共出现了 185 集，因此也成为了观众们的"老
朋友"。他的重要性也显示了咖啡馆经营者在日常的咖啡馆里的重要性。一张熟悉和友善的
面孔其实常常是人们光顾咖啡馆的理由。

瑞秋和菲比（Phoebe）是 6 个好朋友里和咖啡馆的渊源最深的。瑞秋从第一季到第三
季在咖啡馆里做服务员，而古灵精怪的菲比则不定期地在咖啡馆里自弹自唱那些让人摸不着
头脑的歌。其中《臭猫》（*Smelly Cat*）毋庸置疑是她的代表作。罗斯 (Ross) 和瑞秋的感情
线也是剧中的一条重要的主线。他们两人感情中的许多重要时刻都是在咖啡馆里发生的。其
中第二季的最后一集里，罗斯和瑞秋在咖啡馆里吵了一架，罗斯夺门而出。然而不久之后，
他回来了，他走进咖啡馆，终于与瑞秋有了他们之间的定情之吻。

《老友记》在 2004 年已经结束，但人们并没有忘记这出陪伴了他们十年的情景喜剧。
2018 年时，拥有全剧版权的华纳兄弟注册了"中央跳跃"这个名字以及标记作为咖啡馆的
商标。也许在不久的将来，人们可以在现实中和自己的好朋友在"中央跳跃"咖啡馆相聚，
喝咖啡，听音乐，分享各自的喜怒哀乐。

双风车咖啡馆之《天使爱美丽》
（巴黎，法国）

CAFÉ DES DEUX MOULINS, AMÉLIE (PARIS, FRANCE)

Café des Deux Moulins
15 Rue Lepic
75018 Paris
France

http://cafedesdeuxmoulins.fr

　　双风车咖啡馆位于法国的蒙马特区，始建于 1912 年。2001 年的电影《天使爱美丽》使其名声大噪。在电影中，女主角爱美丽在咖啡馆里当服务员。电影通过主角爱美丽独特、富有想象力的视觉以及电影中的对话、注视和每个场景，向人们描绘了巴黎人的人生百态。

　　双风车咖啡馆是电影的主要拍摄地。电影里的许多重要场景都发生在咖啡馆里。电影一开始就展示了咖啡馆里的主要人物以及他们的爱好和习惯，这样观众们很快就进入了影片的氛围中，感觉他们自己就是电影里的一部分，也是咖啡馆的常客之一。

　　绿色和红色是整部电影的主调。象征希望的绿色和象征激情的红色完美地体现了爱美丽的个性。这两种颜色也正好是咖啡馆的主色调：红色的桌面和鲜花，映衬着绿色的叶子和酒瓶；咖啡馆里女性红色的嘴唇和咖啡馆里买烟草的男人的绿眼睛，正好也是如此相称。

　　虽然爱美丽和她的秘密爱人并没有在咖啡馆里结束他们的故事，然而双风车咖啡馆却贯穿了整部电影。它向人们展示了咖啡馆的顾客如何在咖啡馆里相遇，他们原本各自平行的世界瞬间发生了交集——咖啡馆这个小小的世界就是由人与人之间的关系、感情、爱恨交织而组成的。电影里有一个经常光顾咖啡馆的客人叫希珀里托（Hipolito），他是一名不得志的作家。他曾坐在咖啡馆里说："失败是人类共同的命运，失败让我们知道生活只是草稿，只是我们为一出永远都不会上演的戏剧而进行的一场漫长的排练。"

　　由于电影的成功，许多旅客慕名来到双风车咖啡馆，期待着属于自己的"天使爱美丽"，期待着属于自己的那场奇遇。

OULINS
BRASSERIE
G20
SUPERMARCH
SSERIE
BUFFETS CHAUDS & FROIDS
G20

里克的美国人咖啡馆，《卡萨布兰卡》
（卡萨布兰卡，摩洛哥）

RICK'S CAFÉ AMÉRICAIN, CASABLANCA
(CASABLANCA, MOROCCO)

Rick's Café
248 Boulevard Sour Jdid
Place du Jardin Public
Ancienne médina
Dar-el-Beida 20250
Casablanca
Morocco

　　随着美国经典电影《卡萨布兰卡》于 1942 年在全球取得巨大的成功，这部电影里的里克的美国人咖啡馆（后称美国人咖啡馆）同样深受全球各地的人们喜爱。然而大多数人都没意识到，其实它完全是剧作者以及制片者的创作。咖啡馆里的所有场景都是在好莱坞华纳兄弟的摄影棚里拍摄的。

　　人们之所以会认为美国人咖啡馆是一个真实的所在，全因为电影里咖啡馆的场景太唯美。当你随着电影的主角步入咖啡馆，迎面而来的一个个拱门，摩尔式的挂灯投射出交错的光影，人们坐在错落有致的咖啡桌旁轻声细语；空气中弥漫着烟草的味道；驻店的钢琴家山姆永远都在钢琴边，为顾客轻弹浅唱。在电影公映后的 60 年里，观众们都只能通过电影和想象力来感受咖啡馆的魅力。

终于，一位名叫凯蒂·克里格（Kathy Kriger）的美国女性改变了这样的状态。凯蒂自 1998 年起便定居摩洛哥。她曾经是美国驻摩洛哥的商业参赞，并且是《卡萨布兰卡》这部电影的忠实粉丝。当她在调查应该创办什么样的事业时，她对摩洛哥在 60 年来都不曾有人模仿《卡萨布兰卡》里的美国人咖啡馆感到非常惊讶，于是当机立断买下一幢别墅，仿照电影中美国人咖啡馆的样子，创建了一家咖啡馆，名为里克咖啡馆。

　　凯蒂和设计师比尔·威利斯（Bill Willis）详细地研究了电影里咖啡馆的场景，无论是拱门、精雕细琢的吧台以及灯光的设计等细节都致力重现电影里咖啡馆的唯美场景。经过 3 年的筹备，现实中的里克咖啡馆终于在 2004 年开张。在卡萨布兰卡这样一个充满了喧嚣与现代气息的城市，有这样一家安静地演绎着旧日浪漫情怀的咖啡馆坐落于老城边，令无数顾客无限向往。

G. 罗卡咖啡馆，《罗马假日》
（罗马，意大利）

G. ROCCA, ROMAN HOLIDAY (ROME, ITALY)

　　20 世纪 50 年代的经典电影《罗马假日》使世人认识了奥黛丽·赫本（Audrey Hepburn）。《罗马假日》在罗马的拍摄地点现在变成了旅客们到罗马时的必游之地，其中包括特莱维喷泉、西班牙阶梯和斗兽场等知名景点。人们来到罗马时还会寻找电影里的那家位于罗通达广场（Piazza della Rotonda）的罗卡咖啡馆。

　　电影里赫本扮演的安公主在尝试逃离她那拘束的生活时偶遇了由格利高里·派克（Gregory Peck）扮演的美国记者乔·布拉德利（Joe Bradley）。当安公主说"我想在路边的一家咖啡馆里坐下来"时，乔回答说："你的第一个愿望即将实现。我知道一个最合适的地方——罗卡咖啡馆。"

　　当他们在罗卡咖啡馆户外的露台上坐下来后，安公主点了一杯香槟酒，而乔则点了一杯冻咖啡。电影里最生动的一幕也在咖啡馆里展开。安公主在那里抽了她人生中的第一根烟，并被摄影师拍下了许多照片。

　　罗卡咖啡馆现在已经不存在了，其曾经的店面如今是一家服装店。然而，如果想要重新感受安公主的"罗马假日"，人们只需在罗通达广场边的任何一家咖啡馆中坐下来，也许是点一杯香槟，晒着太阳，便可感受附近的万神庙的气息，畅想属于自己的一场"任性的逃离"。